河口湿地溢油事故污染影响及生态环境损害评估

HEKOU SHIDI YIYOU SHIGU
WURAN YINGXIANG JI
SHENGTAI HUANJING SUNHAI PINGGU

黄沈发　吴　健
王　敏　卢士强　吴建强　著

中国环境出版集团·北京

图书在版编目（CIP）数据

河口湿地溢油事故污染影响及生态环境损害评估/黄沈发

等著. —北京：中国环境出版集团，2018.6

ISBN 978-7-5111-3306-9

Ⅰ. ①河… Ⅱ. ①黄… Ⅲ. ①漏油—河口湾污染—影

响—沼泽化地—生态环境—评估—研究 Ⅳ. ①X522②

P941.98

中国版本图书馆 CIP 数据核字（2017）第 200290 号

出 版 人	武德凯
责任编辑	殷玉婷
责任校对	任 丽
封面设计	彭 杉

出版发行　中国环境出版集团
　　　　　（100062　北京市东城区广渠门内大街 16 号）
　　　　　网　　　址：http://www.cesp.com.cn
　　　　　电子邮箱：bjgl@cesp.com.cn
　　　　　联系电话：010-67112765（编辑管理部）
　　　　　发行热线：010-67125803，010-67113405（传真）

印　　刷　北京中科印刷有限公司
经　　销　各地新华书店
版　　次　2018 年 6 月第 1 版
印　　次　2018 年 6 月第 1 次印刷
开　　本　787×960　1/16
印　　张　10.25
字　　数　200 千字
定　　价　90.00 元

编写委员会

主　　任：黄沈发

副 主 任：吴　健　王　敏　卢士强　吴建强

参与人员（按姓氏笔画排列）：

王　卿　王　旌　车　越　东　阳　由文辉

刘文亮　吉　敏　阮俊杰　齐晓宝　李忠元

李青青　杨　洁　沙晨燕　肖绍颐　苏敬华

邵一平　陈　力　陈义中　陈　昊　林　怡

胡冬雯　钟宝昌　唐　浩　徐志豪　郭加宏

顾笑迎　高　强　黄宇驰　黄波涛　鄢忠纯

廖水文　熊丽君　谭　娟

内容简介

长江河口生境条件特殊，是具有全球意义的生物多样性保护区，也是全球重要生态敏感区，建有上海特大型城市集中式饮用水水源地。长江是我国最为重要的物资流通黄金水道，随着国家长江经济带发展战略、上海国际航运中心建设的推进实施，长江航运业快速发展，长江口突发大型溢油事故发生概率加大，对河口滩涂湿地生态系统和城市生态安全构成较大威胁。

本书以长江口白茆沙"12·30"典型河口溢油事故为例，基于近3年的野外实地观测，研究了事故发生后，河口滩涂湿地环境中沉积物和水体受到的污染影响，以及污染胁迫下滩涂大型底栖动物群落及典型物种的动态响应特征，开展了河口溢油事故生态损害评估和人体健康风险评估，提出了生态环境污染损害评估制度建议，研究构建了全过程的溢油事故相关研究框架体系，提出了多目标、多污染物的协同分析方法，拓展了溢油事故污染胁迫影响的研究尺度，弥补了长江口地区相关研究的不足，为进一步建立完善河口溢油事故的应急处置、调查评估与治理修复技术与管理体系，进而促进长江经济带生态环境保护，提供了科学依据和技术支撑。

前　言

　　长江口地区生境条件特殊，兼具生态脆弱性和敏感性，是具有全球意义的生物多样性保护区。长江口拥有青草沙水库、东风西沙水库、陈行水库等水源地，为上海市 70%以上人口供应饮用水，在上海市"两江并举、多源互补"的水源战略格局中有着举足轻重的地位。然而，随着长江和海洋运输的发展，长江口的航运越来越繁忙，各类重大河口、海洋工程陆续建设实施，对长江口区域生态环境造成了影响，尤其是航运和工程建设带来的突发性污染事故，风险危害程度和治理修复难度较大。其中，溢油污染事故在突发性污染事故中较为常见，发生频率高，扩散速度快，拦截、收集、处理难度大，极易在短期内向长江口上下游水体、滩涂等区域蔓延，对长江口水环境质量及水源地饮用水安全、滩涂沉积物环境质量、水生生态系统和滩涂湿地生态系统功能、生物资源和生物多样性造成不同程度的影响。

　　尽管长江口地区突发性溢油事故发生频率高、危害大，但以往对于突发溢油事故的快速响应模拟、应急处理处置、污染影响观测预测、生态环境损害评估，以及溢油污染的后续治理修复等方面尚缺乏科学、系统、规范的技术方法。本书依托上海市科技攻关项目——长江口溢油事故生态环境影响评估及治理修复技术方案研究（STCSM 13231203600），论述了从溢油事故发生后的模型快速响应、污染胁迫分析、生态环境损害评估、人体健康风险评估和管理制度建设等全过程研究，重点关注了特征污染物在沉积物、水体、生物等多介质中的组成与分布特征，开展了时间尺度上的动态追踪。

　　本书各章安排如下：第 1 章综述了国内外溢油相关研究进展；第 2 章介绍

了研究区域概况以及研究方法；第 3 章构建了溢油事故快速响应模型并开展模拟；第 4 章分析了溢油事故对滩涂沉积物和水体的污染影响；第 5 章研究了溢油事故对滩涂大型底栖动物的胁迫作用；第 6 章评估了河口地区溢油事故的生态环境损害和人体健康风险；第 7 章提出了长江口溢油事故生态环境损害评估制度建议；第 8 章凝练了总体结论及未来研究展望。

十八大以来，党和国家做出了大力推进生态文明建设的战略决策，发布了《生态环境损害赔偿制度改革方案》，在全国试行生态环境损害赔偿制度。本研究是响应党和国家号召，积极践行生态文明理念，在生态环境损害相关研究领域的探索和尝试，也是落实《长江经济带生态环境保护规划》的具体举措。本研究建立了长江口地区溢油事故快速预警预测模型，进一步探明了溢油污染胁迫下的河口滩涂生态系统的响应特征和机理，优化完善了生态环境损害评估技术方法，有助于填补长江口溢油事故相关研究工作空白，为保障长江口水源地安全和生态系统健康提供科学支撑。

本书在写作过程中，得到了许多专家学者的宝贵意见和大力支持，中国环境出版社的殷玉婷编辑也给予了专业指导，他们的无私奉献和细致工作使得本书能够顺利出版，在此一并表示感谢。由于本研究的新颖性以及作者水平的局限性，书中也难免存在疏漏之处，恳请广大读者与同仁批评指正。

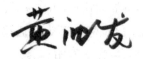

2018 年 5 月

目　录

第1章 绪 论

1.1 研究背景与意义

长江口地区生境条件特殊，分布有我国最重要的河口滩涂湿地，是具有全球意义的生物多样性保护区，也是全球重要的生态敏感区之一。长江口拥有青草沙水库、东风西沙水库、陈行水库等水源地，供应上海市 70%以上人口的饮用水，在上海市"两江并举、多源互补"的水源地战略格局中有着举足轻重的地位。长江同时又是"黄金水道"，随着长江和海洋运输的发展，以及上海国际航运中心建设的推进，长江口的航运越来越繁忙，航运和工程建设带来的突发性污染事故，风险等级、危害程度和修复治理难度都逐渐增大。其中，溢油污染事故是河口较为常见的一种突发性污染事故，发生频率高，扩散速度快，油污拦截、收集、处理难度大，极易在短时间内向上下游水体、滩涂等区域蔓延，对河口滩涂环境状况、饮用水水源安全、湿地生态系统功能、生物资源和生物多样性等造成不同程度的损害，一直是国内外生态环境研究的热点。

2012 年 12 月 30 日 16：45，在长江口上游江苏常熟白茆沙水域，一艘装载有 400 t 重油的船只沉没，发生溢油事故。12 月 31 日上午，在潮汐和风力的共同作用下，溢油开始影响崇明岛崇头至南鸽水闸一带，对滩涂、水域造成严重污染。经调查统计，崇明县仅滩涂污染面积就达 150 多 hm^2（东西长约 18 km），其中受污染最为严重的是崇西水闸至新建水闸一带滩涂湿地，长度超过 8 km。针对此次典型河口突发溢油污染事故，本研究依托上海市科技攻关项目——长江口

溢油事故生态环境影响评估及治理修复技术方案研究（STCSM 13231203600），
开展了溢油事故发生后的模型快速响应、污染胁迫分析、生态损害评估和管理
制度建设等全过程研究，重点关注了特征污染物在沉积物、水体、生物等多介
质中的组成与分布特征，还开展了针对滩涂生态系统时间尺度上的动态追踪。
本研究有助于填补长江口溢油事故相关研究工作不足，进一步探明溢油污染胁
迫下的河口滩涂生态系统的响应特征和机理，优化完善生态环境损害评估技术
方法，为保障长江口水源地安全和生态系统健康提供科学依据。

1.2　国内外研究进展

1.2.1　典型溢油事故特征分析

（1）历年溢油事故变化特征

海洋石油的过度开发，石油加工产品生产、使用及其无序排放，尤其是频
发的海上船舶溢油事故等，使石油等物质成为污染海洋生态环境的主要因素。
国际油轮船东防污染联合会（International Tanker Owner Pollution Federation,
ITOPF）统计数据表明，1970—2015 年，全球共发生中大型船舶溢油事故 1 821
起（溢油量 7 t 以上），其中大型溢油事故 458 起（溢油量 700 t 以上），共有 5 732 kt
油类进入河口、海洋，严重污染了海洋及海岸线生态环境，并给沿海相关国家
和人民造成了严重的经济损失（彭陈，2012）。随着人们对于溢油污染认识的加
深及油船溢油防控措施的加强，全球油轮船舶中大型溢油事故发生频次和溢油
量均呈下降趋势。2010—2015 年中大型溢油事故发生频率平均在 6.70 起/a，远
低于 20 世纪 80 年代的 45.40 起/a；年均溢油总量也由 20 世纪 80 年代的 1 174 kt/a
降至 2010—2015 年的 39 kt/a。

过去 30 年，长江口及上海港附近海域船舶溢油年事故次数也呈逐年下降趋
势，然而随着长江航运发展和上海“国际航运中心”建设持续推进，航运量增
加、运输船舶大型化，年溢油量缓慢增加（图 1.1），年单次平均溢油量与单次
最大溢油量呈现逐年上升趋势。据统计（潘灵芝等，2016），虽然区域内船舶溢

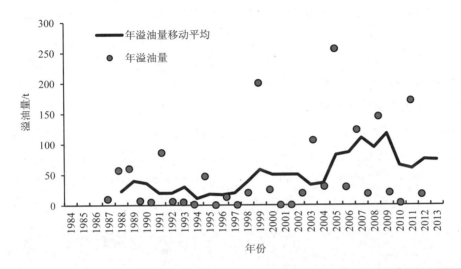

图 1.1 1984—2013 年长江口及上海港附近年溢油量变化

（改自潘灵芝等，2016）

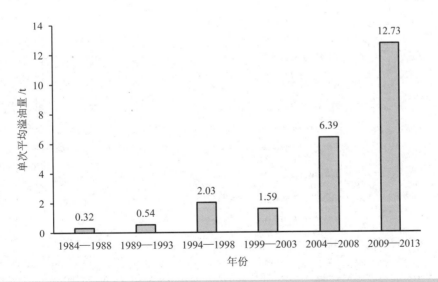

图 1.2 1984—2013 年长江口及上海港附近单次平均溢油量变化

（改自潘灵芝等，2016）

油事故频次由 1984 年的 96 起/a 减少至 2013 年的 6 起/a，但溢油事故级别明显提高，2009—2013 年，年船舶溢油事故的单次平均溢油量高达 12.73 t，远高于1984—1988 年的 0.32 t（图 1.2）。由此可见，为适应上海建设"国际航运中心"的当前形势，应对长江口区域逐年增加的大型船舶溢油事故风险，有必要加强长江口溢油事故相关科学研究和技术储备。

（2）国际典型溢油污染事故

1967 年 3 月 18 日，"Torrey Canyon"号邮轮失事导致至少 60 000 t 原油泄漏进入大海（O'Sullivan and Richardson，1967），海洋溢油污染从此进入人们的视野，备受关注。表 1.1 列举了自 1967 年以来 12 起重大溢油事故，其中部分溢油事故由于事发地点远离海岸而不为人们所熟知。

表 1.1 1967 年以来 12 起典型重大溢油污染事故

事故地点	事故名称	事故时间	事故溢油量/100 万加仑	参考文献
科威特	The Gulf War	1991	240～336	Bu-Olayan and Subrahmanyam，1997
美国墨西哥湾	Deepwater Horizon oil spill	2010	200	Goodbodygringley et al.，2013
墨西哥坎佩切湾	Ixtoc1 oil well spill	1979	140	Patton and Rigler，1981
特立尼达和多巴哥	Atlantic Empress	1979	88.3	Horn and Neal，1981
波斯湾	Nowruz oil spill	1983	80	Fayad，1986
安哥拉海岸	ABT Summer	1991	80	Welch and Yando，1993
北非	Castillo de Bellver	1983	78.5	Altwegg et al.，2008
法国	Amoco Cadiz	1978	68.7	Conan et al.，1982
加拿大	Odyssey Oil Spill	1988	43	Etkin，1999
意大利	M/T Haven Tanker	1991	42	Bargiela et al.，2015
威廉王子湾	Exxon Valdez	1989	10.92	Piatt et al.，1990
西班牙	Prestige	2002	19.83	Crego-Prieto et al.，2014

1.2.2　溢油相关研究热点

　　为进一步把握相关研究领域总体情况，本研究基于美国科技信息所
（Institute for Scientific Information，ISI）推出的目前提供引文回溯数据最深的
Web of Science 引文索引数据库开展了文献计量分析。采用"oil spill"作为主
题词，时间跨度为 1982—2017 年，共获得关于环境领域中 oil spill（溢油）的
研究论文 9 032 篇。借助 Van Eck 和 Waltman 开发的 VOS viewer 软件来构建 oil
spill（溢油）研究热点主题的知识图谱，结合数学、图形学、信息可视化技术
和传统文献计量学的共词、引文分析方法，形象地展示了溢油相关学科研究热
点的结构与发展（Van Eck and Waltman，2010；宗乾进等，2012）（图 1.3）。利
用 Thomson Reuters 的 Thomson Data Analyzer（TDA）软件对热门关键词构建
矩阵，探究其相互之间的关系。研究分析表明，溢油数值模拟及模型预测、溢
油暴露毒性及风险评估、溢油源解析及生物降解和溢油污染特性及处理处置是
溢油污染的主要研究热点。

　　（1）溢油数值模拟及模型预测

　　在海洋这个大水域体系中，溢油的行为、分布与归宿都是极为复杂多变的
过程，总体可分为受海风、海浪和洋流等环境动力因素影响的水平物理扩散过
程，及受蒸发、溶解、乳化和生物降解等风化过程影响的垂向化学扩散过程
（Stiver and Mackay，1984；Delvigne and Sweeney，1988；Al-Rabeh，1994；Reed
et al.，1994）。通过大量关于溢油行为、归宿的深入研究，许多学者先后提出了
各种理论模型（Elliott et al.，1986；Flather et al.，1991；Price et al.，2006），模
拟溢油空间扩散过程，并在传统数值计算的基础上结合遥感技术（Remote
Sensing，RS）、地理信息系统（Geography Information System，GIS）、合成孔
径雷达（Synthetic Aperture Radar，SAR）等新技术，取得了丰硕的成果
（Keramitsoglou et al.，2006；Shamshiri et al.，2013；Guo et al.，2015；Bulycheva
et al.，2016；Lupidi et al.，2017）。溢油扩散受控于多种具有随机性的环境因素，
部分学者针对模型预测中的诸多不确定性，进行了创新探索和研究（Nelson and
Grubesic，2017；Hou et al.，2017），以期完善和提升模型的可靠性。

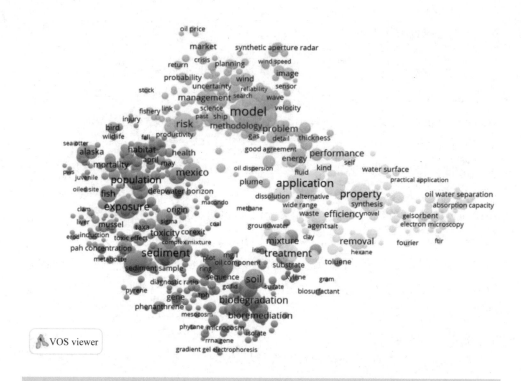

图1.3　关于"oil spill"研究热点主题的知识图谱

（2）溢油暴露毒性及风险评估

暴露评价是通过污染物暴露类型和暴露量评价及污染物毒性评价来共同表征污染物对受体的暴露水平。通过对石油在介质中迁移转化和行为归宿（Galt et al.，1991；Ke et al.，2002；Reddy et al.，2012）及石油暴露方式的研究，确定其暴露途径，并结合污染物的风险识别、毒性分析和生态影响表征，即为生态风险评价（Ecological Risk Assessment，ERA）。该概念是由美国环保局（U.S. Environmental Protect Agency）提出，用于评价暴露于环境压力下所可能产生的负面生态效应，以支持环境决策（Bartell et al.，1992）。针对墨西哥湾溢油事件、"Exxon Valdez"号等重大溢油事故，学者们对事故影响海域进行了大量短期或中长期的生态风险评价（Maki，1991；Palinkas et al.，1993；Jones et al.，1998；Peterson，2001；Peterson et al.，2003；White et al.，2012；Lin and Mendelssohn，

2012；Mason et al.，2012；Moody et al.，2013）。目前，评价多以鸟类（Agler et al.，1994；Irons et al.，2000）、海獭（Garrott et al.，1993；Bodkin et al.，2002）、鱼类（Dubansky et al.，2013；Incardona et al.，2014）和贝类（Law et al.，1999）为主要溢油暴露受体。研究表明，海水或沉积物中的石油会对海洋生物造成持续暴露和影响（Trust et al.，2000；Golet et al.，2002；Esler et al.，2011），而觅食是生物摄入石油从而受到溢油暴露胁迫的主要途径（Venturini and Tommasi，2004；Bodkin et al.，2012）。受生物种类和季节性变化等生物和非生物因素影响，石油污染物在不同生物不同组织器官中的蓄积效应也有所差异（Hall et al.，1983；Cohen et al.，2001；梁丹涛等，2007；李天云等，2008；Jung et al.，2011；吴健等，2017）。

（3）溢油源解析及生物降解

海洋环境中石油污染物的来源复杂，总体由火成作用、成岩作用和生物作用所形成，这就使得源解析在溢油损害评估中显得至关重要。目前，化学油纹指示是溢油源解析的主要方法。该方法采用气相色谱/质谱法（GC/MS）（Reddy et al.，1999；Oteyza and Grimalt，2006）和气相色谱/氢火焰离子化检测法（GC-FID）（Wang et al.，1995；Daling et al.，2002）为主要检测方法，获取石油特征组分信息。而后以石油组分的特征比值，如植烷/姥鲛烷（Haven et al.，1987；Hughes et al.，1995）、FL/（FL+PYR）与 ANT/（ANT+PHE）等解析溢油来源（Pies et al.，2008；Torreroche et al.，2009；Tobiszewski and Namiesnik，2012）。

近年来，溢油的生物降解，尤其是微生物降解，得到了广泛的关注和研究。由于降解菌普遍面临世代时间短等问题，且传统的培养方法易造成环境中部分群落信息的丢失，无法切实反映环境菌落情况。对此，研究者们利用 16S rRNA 基因序列作为分子标记，通过多聚酶链反应（Polymerase Chain Reaction，PCR）和变性梯度凝胶电泳（Denaturing Gradient Gel Electrophoresis，DGGE）等先进的分子生物学技术，对修复过程中的群落变化进行监测，取得了一定成效（Watanabe，2001；Evans et al.，2004；Chong et al.，2009）。

（4）溢油污染特性及处理处置

石油除了对海洋生物产生暴露胁迫外，还会影响水体或沉积物中的有机质含量（Osuji and Adesiyan，2005）、氮磷浓度（Cappello et al.，2007）及可交换性阳离子浓度（Roy and McGil，1998）等。石油在水体和沉积物中的浓度与其吸附-解吸相对速率相关，而这又受水体扰动程度和沉积物粒径影响，且与石油组分有着密切关联（Al-Ghadban et al.，1994；解岳等，2005；李海明等，2005；Piraino and Szedlmayer，2014）。

溢油污染物以石油烃和多环芳烃为主要组分，具有低相对密度和低辛醇水分配系数，使其难溶于水中而多漂浮于海面，影响海洋水气交换和光热转换。鉴于溢油污染物的这种理化特性，在实际应用中多使用吸附剂或消油剂进行溢油处置。消油剂由表面活性剂和具有强渗透性的溶剂组成，能将海面油膜乳化，使其破碎化分散于水中，从而减少溢油对水生生物的毒害作用（Adebajo et al.，2003）。吸附剂通过物理吸附作用将油膜吸附于自身表面，达到油水分离的目的。由于具有低成本、可回收等特点，吸附剂，尤其是天然和改性吸附剂，受到了广泛研究（Annunciado et al.，2005；Carmody et al.，2007；Abdullah et al.，2010；Zadaka-Amir et al.，2013）。而化学合成吸附剂虽也具有良好的吸附作用（Ceylan et al.，2009；Yang et al.，2011），但由于其存在潜在二次污染等问题，研究相对较少。如 Choi 与 Cloud（1992）、Husseien等（2009）对乳草、稻草、棉纤维等天然有机吸附剂进行了研究；Adebajo 和 Frost（2004）对原棉、稻草和甘蔗渣进行了乙酰化改性，改性后吸附能力均高于合成吸附剂，具有较好的应用前景。

1.2.3　溢油对生态系统的胁迫

1.2.3.1　溢油对环境的影响

（1）溢油对沉积物的影响

石油中含有大量的非极性烃类组分，因此在水中溶解度较低。在海洋这个复杂的水域体系中，受潮汐系统和洋流系统等多重影响，部分漂浮于海面的石油与海水形成乳状液，或附着于水中悬浮颗粒物如矿物和胶体物质等，并通过重力沉降和渗透作用由海岸下渗进入海底沉积物中。在吸附的同时，沉积物中的石油组分也通过解吸过程释放入海水中。研究表明，沉积物对石油的吸附量与石油浓度、沉积物粒径等众多因素有关（Al-Ghadban et al.，1994；Piraino and Szedlmayer，2014），有机质含量高、颗粒细的沉积物更易吸附石油烃（李海明等，2005）；而沉积物中石油类的释放主要取决于间隙水中石油类向上覆水体扩散的速度和强度（解岳等，2005）。一般来讲，沉积物对石油的吸附速率普遍高于解吸速率（Delvigne，2002；Bandara et al.，2011），并且石油被沉积物吸附后不会完全解吸出来（岳宏伟等，2009），石油组分不断在沉积物中蓄积，产生环境胁迫（Marigómez et al.，2013）。因此，沉积物中石油组分浓度往往高于海水中浓度（Swartz，1999；Sammarco et al.，2013）。

生态系统对石油组分的自净过程十分缓慢，由于溢油量及油品的不同，恢复时间往往需要数年至数十年不等（Burns et al.，1993；Skalski et al.，2001；Yamamoto et al. 2003；Peterson et al.，2003）。石油污染会明显改变沉积物物理力学性质，降低沉积物的重度、渗透系数和强度（王林昌等，2010）。此外，沉积物中溢油污染和自然降解的程度与深度密切相关，表层沉积物中的石油残留物最先被降解，而下层沉积物中残留物降解速率缓慢，即使在溢油事故发生几十年后，下层沉积物中也仍有高浓度的石油残留物检出（Wang et al.，1998；Reddy et al.，2002）。表 1.2 列出了沉积物中溢油污染物含量。

总石油烃（Total Petroleum Hydrocarbons，TPH）是石油中众多不同碳氢化合物的总和。由于成分复杂，一旦进入环境将很难予以去除。有研究表明，沉积物中石油烃含量及分布受陆源输送、水动力条件、细颗粒物质的吸附和絮凝作用等多种因素影响（Al-Ghadban et al.，1996；潘建明等，2002；吴玲玲等，2012；李磊等，2014；李凤等，2016），并与沉积物中有机碳含量呈显著正相关（Ahmadkalaei et al.，2016），与砂粒组分呈负相关（李彤等，2012）。潘建明等（2002）的实验结果表明，石油烃含量与沉积物粒度呈负相关，与黏土含量呈正相关，并随着柱深而下降。组成上，沉积物中正构烷烃的分布范围为 $nC_{10} \sim nC_{32}$，最大值出现在 $nC_{14} \sim nC_{16}$（Al-Lihaibi and Ghazi，1997；欧寿铭等，2003；郭伟等，2007；刘晓艳等，2010；李凤等，2016），表现出人为污染特点。

多环芳烃（Polycyclic Aromatic Hydrocarbons，PAHs）是石油中主要有机化合物之一，属持久性有机污染物，生物毒性大、生态风险高，具有致畸、致癌、致突变的"三致"效应，可被生物富集并沿食物链逐级放大，最终危害人类健康。沉积物中的多环芳烃难以被生物降解，可稳定存在几个月甚至几年之久，其持久性随苯环数增加而增强（Booij et al.，2003；Choi et al.，2013）。根据相似相溶原理，沉积物中的有机质含量和多环芳烃的性质是决定疏水性的多环芳烃类化合物在水—沉积物间分配的主要因素，其中沉积物中富里酸和腐殖酸对多环芳烃的吸附速率显著高于腐黑物（Pan et al.，2006；贾新苗等，2016；Mahanty et al.，2016）。同样地，沉积物中多环芳烃的含量受多种因素控制，如水温、溶解性有机质、有机质结构等（Yu et al.，2011）。其中，沉积物对多环芳烃的吸附系数与温度呈负相关（Tremblay et al.，2005；Zhang et al.，2009）。就多环芳烃而言，沉积物中以高分子量多环芳烃（4～6 环）为主（郭伟等，2007；冉涛等，2014），且多富集于沉积物中层（Yamashita et al.，2000；White et al.，2005）。

表 1.2　沉积物中总石油烃和多环芳烃含量

研究区域		石油烃或烷烃含量/（μg/g）	多环芳烃含量/（μg/g）	参考文献
阿拉伯湾		5.40～92.20		Al-Lihaibi and Ghazi，1997
		4.00～56.20		Al-Lihaibi and Al-Omran，1996
美国 Terrebonne 湾		39.40		Sammarco et al.，2013
上海某滩涂	中低潮滩	15.20～63.27		吴健等，2016
	高潮滩	1 070.00～46 327.20	0.60～30.90	
厦门港		133.30～1397	0.098～1.376	欧寿铭等，2003
佛罗里达河口		4 580	13.2	Barron et al.，2015
美国 Barataria 湾		77 399	219.065	Kirman et al.，2016
			2.72～108	Atlas and Bartha，2015
河北"精神"号溢油事发点附近			0.002～530	Lee and Lin，2013
渤海湾中部海域			0.002～0.375	冉涛等，2014

（2）石油污染对水体的影响

海面漂浮的油膜会降低表层海水中的日光辐射量，浮游植物因此减少，最终导致海水溶解氧、叶绿素 a 含量降低，水体恶化（Lee and Lin，2013；纪巍，2014）。在阻挡光照的同时，油膜还破坏了水气交换，平滑掉风传递给海水的动量，减弱大气和海洋之间的动量交换。此外，溢油污染还会减弱海洋对温室气体的吸收能力，影响气候调节服务功能，导致全球温室气体含量增加，进而影响局部区域水文气象条件。

海水石油烃含量的空间分布特征呈近岸高、离岸低趋势（张文浩等，2010），多环芳烃含量在时间分布上多呈现出秋冬季高于春夏季的趋势（Kim et al.，2013；张玉凤等，2016）。由于较高分子量多环芳烃的水溶性较差，因此就多环芳烃单体而言，海水中以中低环（1～3 环）为主，其中萘为优势组分（刘岩和张祖麟，1999；Law et al.，1997；田蕴等，2004；González et al.，2006；韩彬等，2009）。

对比国内外各海域海水中石油烃含量（表 1.3）发现，溢油事故发生后，事发点周边海域中海水石油烃浓度显著高于未发生溢油事故区（Kim et al.，2013；Boehm et al.，2011；Boehm et al.，1982），但在事发数月至数年后，海水中石油烃含量恢复至较低水平（Gundlach et al.，1983；El Samra et al.，1986；Sammarco et al.，2013；Kim et al.，2013）。未发生溢油事故区域中，我国海域海水中石油烃含量与国外处于同一数量级，但略高于国外。

表 1.3　海水中石油烃含量

	研究区域	石油烃含量/（mg/L）	平均浓度/（mg/L）	参考文献
未发生溢油事故	湄洲湾	0.004～0.342	0.037	王宪等，2008
	山东半岛南部近海	0.017～0.069	0.031	张文浩等，2010
	刘沙湾	0～1.93	0.08	李雪英等，2011
	舟山西部近岸	0.019～0.244	0.066	徐焕志等，2013
	渤海湾	0.023 7～0.508		Li et al.，2010
	Setiu 湿地	0.004～0.121	0.060±0.041	Suratman et al.，2012

	研究区域	石油烃含量/（mg/L）	平均浓度/（mg/L）	参考文献
溢油事故后	韩国西海岸	0.0015～7.310	0.732	Kim et al.，2013
		0.002～0.224（事故一月后）		
	Amoco Cadiz 事发地点附近海域	0.003～0.020	0.01	Gundlach et al.，1983
		0.002～0.200	0.02	
	Nowrus 溢油影响区	—	0.546	El Samra et al.，1986
	Terrebonne 湾	0.160～0.260	0.202	Sammarco et al.，2013
	墨西哥湾	ND～6.130		Boehm et al.，2011
	坎佩切湾	0.005～10.600		Boehm et al.，1982

虽然研究区域和研究时间有所不同，但溢油事故区海水中多环芳烃含量显著高于未发生溢油区 2～3 个数量级（表 1.4）。

表 1.4　海水中多环芳烃含量

	研究区域	多环芳烃含量/（ng/L）	参考文献
未发生溢油事故	厦门西港表层海水	106.1～4 365.6	刘岩等，1999
	南黄海中部表层海水	15.76～233.39	张新庆等，2009
	南黄海中部海域	37.77～233.39	韩彬等，2009
		39.45～213.27	
		15.76～202.55	
	洋浦湾表层海水	426.52～1 006.30	黎平等，2015
	英格兰和威尔士海域	ND～10 700	Law et al.，1997
	西班牙北部海岸	90～370	González et al.，2006
溢油事故后	研究区域	多环芳烃含量/（μg/L）	参考文献
	科威特	21.14～320.5	Bu-Olayan et al.，1998
		0.04～66.8	
	墨西哥湾	0.011～0.091	Boehm et al.，2016
		ND～146 000	Boehm et al.，2011

1.2.3.2　石油污染对生物的影响

（1）对海洋微生物的影响

微生物对石油十分敏感，海水中石油烃浓度变化会引起微生物的快速反应（Cappello et al.，2007），尤其是高分子量石油烃（Margesin et al.，2007），会对海洋微生物的呼吸作用强度、酶活性、代谢活性等产生影响（Lee and Lin，2013）。邓如莹等（2013）的研究结果表明，沉积物中微生物呼吸作用强度和脲酶活性分别与石油浓度呈明显的正相关和负相关。研究发现，石油类化合物的增加，提升了亮氨酸氨肽酶和磷酸酶活性，同时对细菌丰富和种群结构产生了影响（MacNaughton et al.，1999）。

溢油事故发生后，有机物浓度急剧增加，微生物代谢所需的碳源增加，污染海域表层海水中微生物（如螺菌属、硫酸盐还原菌等）丰度呈显著上升趋势（ZoBell，1969；Harayama et al.，2004；Kimes et al.，2012；Redmond and Valentine，2012），而随着深度的增加，这种影响又明显减弱（Acosta-González et al.，2013）。溢油事故的应急处置，特别是分散剂的使用，也会对微生物的种群结构和生物降解活性产生毒害作用（Baelum et al.，2012；Paul et al.，2013；Kleindienst et al.，2015）。

（2）对海洋动物的影响

溢油事故会对海洋动物产生严重的影响。一般认为，低沸点芳烃的毒性作用，是造成溢油后短期内海洋生物死亡的主要因素，且石油的毒性会随温度的升高而增加。Gesteira 和 Dauvin（2000）的研究表明，当沉积物中石油烃浓度 $<50 \times 10^{-6}$ 时，底栖生物群落结构就会被改变，而其中物种在石油烃浓度 $<10 \times 10^{-6}$ 时就可能受到影响。底栖生物群落与沉积物污染及油品化学性质显著相关，含高组分芳香族化合物的油品对海洋动物的影响更大（Venturini and Tommasi，2004；Thomas and Thannippara，2011）。

①甲壳动物。

石油污染会对甲壳动物的摄食、呼吸、运动、趋化、酶活、生殖、生长及群落种类组成等造成影响，其毒性大小因生物种类、发育阶段、油种类、温度等不同而有较大差异。污染严重情况下，可能会造成 DNA 损伤等急性毒害效应，且损伤程度随着污染时间的延长而增加（唐峰华等，2009）。总体而言，甲壳动物对石油的抗性较弱，往往会在溢油事故后出现高死亡率（Próo et al.，1986），这一点在溢油点附近尤其显著（Chasse，1978）。Amoco Cadiz 号溢油事故后 1～2 个月该物种生物死亡率上升，尤其是双眼钩虾属对油品中的芳族烃极其敏感（Dauvin et al.，1998）。当污染沉积物被净化后，甲壳动物的生物量呈现显著上升趋势（Gesteira and Dauvin，2000）。

②软体动物。

软体动物更易在溢油事故中受到伤害。石油会对其造成亚致死或慢性毒性影响，通过麻醉作用钝化化学感受器，损害呼吸和运动等功能，严重时可能会导致其生长繁殖能力下降（Conan et al.，1982），并造成 DNA 及细胞形态损伤甚至死亡（Crego-Prieto et al.，2013）。

Crego-Prieto 等（2014）对"威望"号事故发生后西班牙北部及法国沿海的贻贝种群进行了研究，发现溢油对该生物种群造成包括 DNA 损伤等多种损害；Zengel 等（2016）发现在墨西哥湾深海溢油事故发生后，在受溢油污染的湿地边缘，玉黍螺的密度下降了 80%～90%；Jung 等（2015）的调查也发现溢油事故后蛤类及螺类的丰度下降；Dauvin（1998）发现一种双壳类软体动物 *Abra alba* 受"Amoco Cadiz"号事故严重扰动和影响，在事故后十几年种群丰度和生物量均维持着较低水平。

③鱼类。

溢油事故不仅会影响鱼类的形态、结构，还会干扰鱼体内酶的活性、生长发育，并导致种群数量变动。石油类化合物进入水体，使水质下降，鱼类抗病能力降低，容易致病。当溢出油品在海水作用下形成乳化油后，对鱼类的损害则尤为严重，其中又以鱼卵及鱼类幼体为甚。

Brannon 等（2012）研究表明，"Exxon Valdz"号溢油事故使得威廉王子湾海域的大马哈鱼出生率降低、死亡率上升、繁殖成功率下降，且造成的生态损害长期存在。Chasse（1978）发现鱼类，尤其是玉筋鱼科，在 Amoco Cadiz 事故后出现大量死亡，并有 50%～80%的鲻鱼皮肤发生溃疡。Ramachandran 等（2004）认为石油分散剂会增加鱼类对多环芳烃的吸收。

对比国内辽东湾、天津海域等，国外受溢油事故影响海域（墨西哥湾、波斯湾）中海洋动物体内石油烃含量普遍高出 1～2 个数量级，可见溢油事故对海洋动物的影响和扰动是十分显著的（表 1.5）。

表 1.5　海洋动物体内石油烃含量

种类	海域	石油烃含量/（mg/kg）	石油烃平均含量/（mg/kg）	多环芳烃含量/（μg/kg）	参考文献
鱼类	山东半岛	2.24～30.31	11.59（湿重）		张文浩等，2010
	浙江沿海	<1.00～8.26	2.17（湿重）		林珏和章红波，2001
	珠江	5.30～22.50	10.40（干重）		林钦等，1990
	天津	—	7.72（湿重）		李厦等，2013
	辽东湾	2.76～17.82	9.56（湿重）		王召会等，2016
	北阿拉伯海	470～3 670			Gupta et al.，1993
	波斯湾	0.1～3 948		0.02～34 045	Fayad et al.，1996
		0.01～335		0.02～24.4	Fayad et al.，1996
			105.3	2.51～563.6	Al-Yakoob et al.，1993
	墨西哥湾			38～240	Snyder and Howard，2015
甲壳类	山东半岛	2.72～49.07	18.47（湿重）		张文浩等，2010
	浙江沿海	<1.00～11.70	3.79（湿重）		林珏和章红波，2010
	珠江	13.90～45.90	30.10（干重）		林钦等，1990
	天津	5.91～11.07	7.68（湿重）		李厦等，2013
	辽东湾	3.15～25.70	11.22（湿重）		王召会等，2016
	波斯湾	0.1～464		0.02～1 029	Fayad et al.，1996
软体类	山东半岛	4.19～36.49	19.83（湿重）		张文浩等，2010
	浙江沿海	<1.00～159.00	20.20（湿重）		林珏和章红波，2010
	珠江	37.20～114.00	65.90（干重）		林钦等，1990
	天津	3.39～17.36	8.93（湿重）		李厦等，2013
	辽东湾	5.08～41.81	16.59（湿重）		王召会等，2016
腔肠动物	墨西哥湾			54～345	Silva et al.，2016

不同种海洋动物体内石油烃含量也存在较大差异，总体表现为软体动物＞甲壳动物＞鱼类（林钦等，1990；林珏和章红波，2010；张文浩等，2010；李厦等，2013；王召会等，2016），软体动物体内多环芳烃含量同样显著高于鱼类（Harvey et al.，2007；Uno et al.，2010），这种差异可能与海洋动物的生活习性（如栖息水层、摄食方式等）有关。此外，研究还表明海洋动物内脏中石油类物质浓度普遍高于肌肉组织，这可能是因为内脏中脂质含量高，易与疏水性石油类物质发生相似相溶。对生物—沉积物—水体的相关性研究发现，海洋动物体内石油烃含量与沉积物中石油烃显著相关，而与水体中石油烃无显著相关性（王召会等，2016）。

（3）对海洋植物的影响

海洋浮游植物是石油污染物进入海洋食物链的起点，因此国内外学者针对石油污染物对海洋浮游植物的影响，做出了大量研究。一方面，溢油会在一定程度上抑制浮游植物的光合作用（Gordon and Prouse，1973），进而影响浮游植物群落的种类多样性和总细胞数，并改变浮游植物群落的优势种类（沈亮夫等，1986；Özhan et al.，2014；Parsons et al.，2015）；而另一方面，溢出的油品又为海洋浮游植物提供了大量碳源，尤其是石油中的水溶性成分（Water Accommodated Fraction，WAF）能使不同类别浮游植物在不同季节的优势度呈升高趋势（黄逸君等，2010），且浮游植物种类数和丰度呈显著正相关（程玲等，2016），这就容易引发藻类的暴发性繁殖或大面积藻华（周利等，2013；Zhou et al.，2014；宋广军等，2016）。总体而言，石油烃对浮游植物有"低促进高抑制"的效应，即低质量浓度石油烃易促进海洋浮游植物生长，而高质量浓度石油烃则会对其产生抑制效果（袁萍等，2014）。

1.2.4 生态环境损害评估

生态环境损害（Eco-Environmental Damage）指因受污染、破坏的环境或生态造成大气、地表水、地下水、土壤等环境要素和动植物、微生物等生物要素的不利改变，以及生态系统功能的退化（《生态环境损害鉴定评估技术指南（总纲）》，2016）。通过运用科学技术和专业知识，量化生态环境损害的过程即为生态环境损害评估，一般包括损害调查、因果分析和损害量化等工作。

针对海上溢油对生态环境的损害评估，目前主要分为两种方法：①根据石油对海洋生物的毒性损害，建立评估模型，并结合油品、溢油量和海域特征进行综合评估；②采用生态价值核算方法，将溢油事故造成的直接和间接生态系统服务功能损失货币化。

（1）模型评估

目前，国外较为常用的溢油生态环境损害评估模型有 NRDA 模型（Natural Resource Damage Assessment）、SIMAP 模型（Spill Impact Model Analysis Package）、BOSCEM 模型（Basic Oil Spill Cost Estimation Model）、FSA 模型（Formal Safety Assessment）、人工神经网络模型（Artificial Neural Network，ANN）等。

PFM（Physical Fate Model）是一种三维评估模型，该模型依照石油组分的挥发性、疏水性等特性将油品划分为 8 组，通过评估石油挥发、迁移、扩散、乳化等多途径转化，估算石油及石油组分在沉积物和水体中的量和浓度。主要为其他模型后续损害评估服务，提供可靠的石油污染程度和范围（McCay et al.，2006，2008）。SIMAP 模型与 PFM 模型类似，可对溢油轨迹进行三维模拟和预测，为溢油处置方案的选取及方案实施的效果提供科学合理的支撑（McCay and Rowe，2004）。

BOSCEM 模型是由美国国家环保局（U.S EPA）构建的用于估算实际或假想溢油事故溢油成本的模型方法，其中溢油成本包括响应成本及环境和社会经济损害。该模型中溢油成本受溢油量、油品、处置方法及效率、污染介质生物敏感性等多特征参数影响，通过以上特征参数的输入能够有效准确地量化溢油损害（Etkin，2004；Kontovas et al.，2010）。

NRDA 模型是应美国超级基金法（Comprehensive Environmental Response，Compensation and Liability Act，CERCLA）开发建立的模型，用于评估各类危险物质泄漏所导致的自然资源损害。该模型主要包括两套程序：Type A 模型用于评估小型泄漏事故，通过野外采样获取污染参数即可进行评估；Type B 模型用于较大型泄漏事故，需要获取大量的场地特征参数以供评估所用（Etkin，1998）。

（2）生态价值核算

生态服务功能价值评估是我国《海洋溢油生态损害评估技术导则》所遵循

的研究思路，可结合溢油模拟模型和技术，对事故导致的服务功能和环境容量
损失进行评估和量化。目前，主要的分析评估方法有生境等价分析法（Habitat
Equivalency Analysis）、资源等价分析法（Resource Equivalency Analysis）、影子
工程法（Shadow Dooject）等，其中生境等价分析法在国际上应用最为广泛
（Dunford et al.，2004；McCay et al.，2004；Zafonte and Hampton，2007）。该方
法以溢油污染区域生境生态服务功能价值损失等于服务价值补偿量为主要思路，
计算修复工程的范围。由于在计算过程中需要对某些参数进行假设，且无法通
过市场价值来直接体现生境价值，因此该方法具有一定的不确定性（Dunford et
al.，2004；Moilanen et al.，2009）。但该方法将生态损害进行了直观的量化，为
溢油事故损害赔偿和修复提供了理论依据。

1.3　研究目的与内容

1.3.1　研究目的

以"12·30"典型河口溢油事故为例，研究事故发生后，河口滩涂湿地环境
中沉积物和水体受到的污染影响，以及污染胁迫下滩涂大型底栖动物群落和典
型物种体内污染物的动态响应特征，探索开展河口溢油事故生态损害评估，提
出相应的生态环境污染损害评估制度建议，为进一步建立和完善河口溢油事故
的应急处置、调查评估与治理修复技术及管理体系提供依据。

本书主要解答以下 3 个科学问题。

问题一：事故发生后，在河口潮汐、风浪等条件协同作用下，溢油污染物
的扩散轨迹和归宿，以及其在滩涂沉积物和水体中的组成分布特征；滩涂沉积
物中的溢油污染物在潮汐作用下，向水体释放的规律及其影响因素。

问题二：受溢油污染、事故处置及生态修复过程影响，滩涂大型底栖动物
群落结构的变化趋势；典型底栖动物体内溢油污染物的含量分布及动态变化；
生物体内与沉积物内的溢油污染物含量相关性。

问题三：典型河口溢油事故造成的生态系统服务功能损害主要包括哪些方

面，大致的货币化损失量；溢油污染清理/环境修复的费用组成情况；折算到受污染区域单位面积的损失量。

1.3.2　主要内容

1.3.2.1　河口地区溢油事故快速响应模型模拟

基于 ECOMSED 建立长江口-杭州湾三维水动力模型，设定水动力控制方程和边界条件，并进行模型率定与验证，为溢油模型提供流场条件；借助 OILMAP 的轨迹和归宿计算模型，基于本地化的油品信息和岸线条件，以及气象和流场数据，准确模拟溢油事故的影响程度、范围和风化过程，进一步确定本研究区域范围。

1.3.2.2　溢油事故对滩涂沉积物和水体的污染影响

研究溢油事故发生后，受石油污染的河口湿地不同高程潮滩沉积物中污染物 TPH 与 PAHs 含量的空间分布特征和相关关系，跟踪分析水体中 PAHs 的组成分布动态，结合水槽模拟实验研究潮汐作用下滩涂沉积物中 TPH 向水体释放规律，进一步掌握溢油事故对滩涂环境的污染影响特征。

1.3.2.3　溢油事故对滩涂大型底栖动物的胁迫作用

研究溢油前后不同阶段，受溢油污染滩涂湿地潮间带大型底栖动物群落组成，以及密度、生物量和生物多样性变化特征，并以大型底栖动物典型物种为对象，分析生物体内脏与肌肉组织中 TPH 含量分布与动态变化，及其与滩涂沉积物中 TPH 的相关性，评估其作为水产品食用的人体健康风险。

1.3.2.4　河口地区溢油事故的生态环境损害及人体健康风险评估

通过构建生态系统服务功能损害评估指标与方法，综合评估溢油事故对河口滩涂生态环境损害的构成、单位面积损失量及长期恢复过程的总体损失；基于溢油污染滩涂当前或后续用途下的暴露场景，研究建立溢油污染滩涂的健康风险概念模型及参数，确定溢油滩涂沉积物修复治理风险控制值。

1.3.2.5　长江口溢油事故生态环境损害评估制度建议

充分借鉴海湾带、沿海或河口地区现有相关经验，结合上海河口生态环境特点和溢油管理需求，从法规政策、技术规范和工作流程等方面提出长江口溢油事故生态环境损害评估制度建议。

1.3.3 总体技术路线

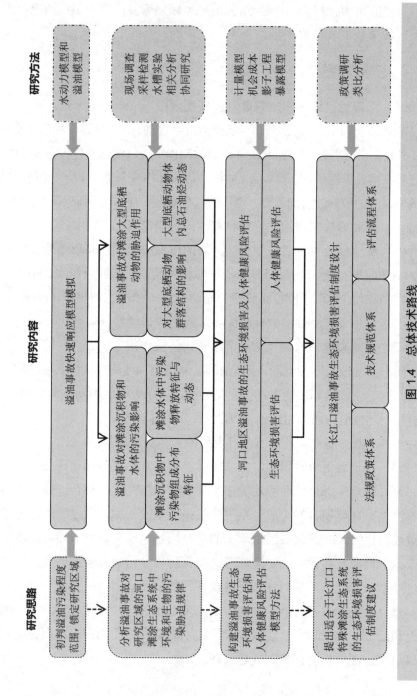

图 1.4 总体技术路线

第2章 研究区域与研究方法

2.1 长江口生境条件

2.1.1 长江河口概貌

长江河口为径流与潮流相互消长非常明显的多级分汊沙岛型中等潮汐河口。敞开的口门接纳外海巨大的潮量，使潮波传递上溯至安徽大通（潮区界）；洪季涨潮流界达及江苏江阴附近；枯水期河口盐水入侵的盐水界（盐度为0.5）南港在五号沟附近，北港在六澉港附近。长江河口平面总体呈现"三级分汊、四口入海"的格局，一级分汊南支与北支受徐六泾来水来沙控制，河宽最窄处为5.7 km；二级分汊南港与北港为复式河槽，其冲淤变化取决于南北港分流口河势的稳定性；三级分汊南槽与北槽，其上口的代表断面（横沙水文站-川杨河口）河宽为11.8 km。长江口自然岸线总长542 km，其中大陆岸线长258 km，岛域岸线长284 km。

2.1.2 河口滩涂湿地

长江口江面宽阔，径流和潮流动力强，水沙河势条件十分复杂，洲滩众多。在长江径流与海洋潮汐的共同作用下，大量泥沙在河口淤积，滩涂面积仍在逐年增加，植物区系与植物群落也随之而快速变化。上海地区滩涂湿地包括沿江沿海滩涂湿地和河口沙洲岛屿湿地两种类型。沿江滩涂湿地主要分布在长江口南岸（西起浏河口，东至芦潮港），以南汇边滩为主。长江口的沙洲岛屿，有露出水面成陆并被人类开发定居的沙岛，如崇明岛、长兴岛和横沙岛，还有已露出水面并发育有植被的无人居住的沙岛，如九段沙、青草沙等，其中还包括岛屿周缘边滩，如黄瓜沙、扁担沙和中央沙等。

2.1.3 自然保护区

长江河口地区滩涂湿地面积辽阔，拥有丰富的底栖动物和植物资源，是亚太候鸟南北迁徙的重要通道，也是涉禽优越的越冬地，还是主要经济水产生物的栖息地和洄游通道，具有极高的生物多样性价值（陈家宽，2003）。目前，长江河口地区有 2 个国家级自然保护区和 1 个市级自然保护区。

崇明东滩鸟类国家级自然保护区南起奚家港，北至北八滧港，西以 1998 年和 2001 年建成的围堤为界限，东至吴淞标高零米线外侧 3 000 m 水线为界，仿半椭圆形航道线内属于崇明岛的水域和滩涂，面积 24 155 hm^2，其中水域面积 9112 hm^2。九段沙湿地国家级自然保护区位于长江口外南北槽之间的拦门沙河段，东西长 46.3 km、南北宽 25.9 km，由上沙、中沙、下沙、江亚南沙及附近浅水水域组成，总面积约 420.2 km^2。长江口中华鲟自然保护区位于上海市崇明岛东南端，西起崇明东滩已围垦大堤，北至八滧港，南起奚家港，东至吴淞标高 5 米等深线，以水域为主，还包括潮上滩、潮间带滩涂和部分露出水面的湿地和浅滩等陆地，总面积为 69 600 hm^2。

2.1.4 饮用水水源保护区

长江口目前有青草沙水库、东风西沙水库和陈行水库等三个饮用水水源保护区，与黄浦江上游金泽水库形成"两江并举、多源互补"的水源地格局（朱慧峰等，2011；孙晓峰等，2017）。

青草沙水库位于长江口南北港分流口下方，长兴岛北侧和西侧的中央沙、青草沙以及北小泓、东北小泓等水域范围，为蓄淡避咸型水库，水库面积约 66.26 km^2，设计库容为 5.27 亿 m^3，服务人口超过 1 000 万人。东风西沙水库位于长江口南支上段、崇明岛的西南侧，由水库东堤、水库西堤、东风西沙圈围堤及崇明防汛大堤组成，堤线总长 11.54 km，面积约为 3.74 km²，总库容 976.2 万 m³，有效库容 890 万 m³。陈行水库位于宝钢水库下游侧，两水库取水口相距 1.0 km，陈行水库原水系统投运以来，进行了水库加高扩容、设备增能等多次改造，水库总取水规模为 590 万 m³/d，库容达 953 万 m³。

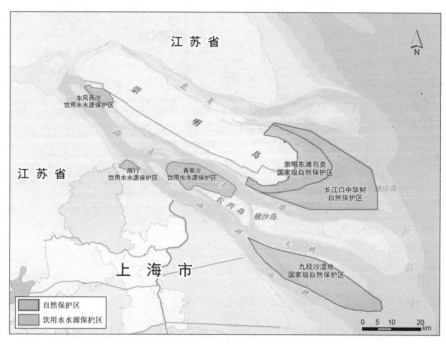

图 2.1 长江口自然保护区和饮用水水源保护区

2.2 研究区域概况

2.2.1 地理位置

研究区域位于我国最大的河口冲积沙岛——崇明岛的西端，为绿华镇堤外紧邻长江南支的边滩，是位于北纬 31°47′41.74″、东经 121°9′45.70″和北纬 31°43′4.44″、东经 121°14′6.08″之间的狭长地带，如图 2.2 所示。

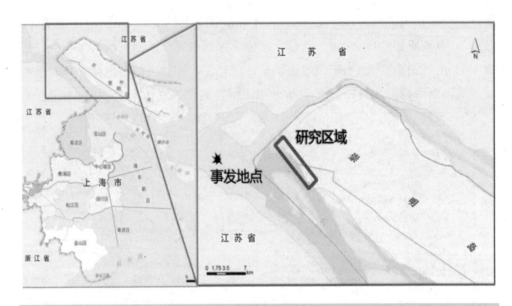

图 2.2　研究区域地理位置

2.2.2　地质地貌

　　研究区域地势坦荡低平，无山岗丘陵，地貌兼有洲头滩和顺直边滩。据地形测图，崇西湿地一带向江边侧高程多在 3.5～4.0 m，靠江堤侧高程基本都在 4.0 m 以上（以吴淞 0 m 为基准）（刘振国等，2009）。所在的长江河口地质构造格架是由北东向、近东西向和北西向三组干断裂构造控制，以"变质基底""沉积盖层"与"表层堆积"三大圈层为特点，基本覆盖有厚实的扩散沉积物（刘红梅，2007）。表层堆积是包括未固结的第四纪松散沉积物的中生代以来发育地层（李静会，2008）。

2.2.3　水文与气候

　　研究区域位于长江河口段，衔接着长江与崇明岛，是长江北支水体倒灌南支的敏感区域，也是长江径流入海必经之地，潮流、径流相互此消彼长，水位多变，水动力复杂，影响着泥沙运动和生源要素循环（张衡等，2007；张海燕，

2013）。潮汐一个涨落的平均历时为 12 h24 min，属非正规半日浅海潮。存在着潮汐日不等现象，夜潮大于日潮现象通常出现在从春分到秋分期间，反之，日潮大于夜潮现象则出现在秋分到翌年春分期间（沈焕庭等，2003）。潮周期以及径流的季节变化共同决定了水位升降，通常在洪季大潮出现最高潮位。崇西湿地水土平均 pH 为 8.2 略偏碱性，盐度为 0.15 ng/L 基本为中性。

研究区域地处北亚热带，气候温和湿润，夏季盛行东南风，天气湿热，冬季盛行偏北风，天气干冷，属典型的四季分明的季风性气候。每年夏、秋两季（7—9 月）会频繁受到台风影响，该区域常见台风、暴雨、干旱等灾害性气候，存在风、暴、潮、洪碰头的可能性（刘红梅等，2007）。

2.2.4　土壤与植被

研究区域处于沙洲顶部，水动力较强，有细砂分布。长江输沙是该区域泥沙最主要的来源，其次徐六泾河段来自于河槽加深冲刷的泥沙，此外还包括长江口北支倒灌的泥沙（刘红梅，2007）。以砂-黏土质粉砂为主的表层沉积物广布，同时堆积了大量灰色和灰褐色的黏土质粉砂。中值粒径位于 5.5～7.5 μm，平均值为 6.35 μm，分选系数 1.70～2.00，分选稍差（刘红梅，2007）。以粉砂为主的粒级占 55%～65%，黏土粒级一般占 28%～34%（周京勇，2014）。

崇西湿地内共调查记录有高等植物 23 科 91 种，物种丰富（高伟和陆健健，2008）。植被大体分人工林泽和草本沼泽两类。林泽树种主要为落羽杉（*Taxodium distichum*）、池杉（*Taxodium ascendens*）、旱柳（*Salix matsudana*）等。草本沼泽主要有自然生长于潮滩上的湿地植被，以及自然侵入的靠近岸堤处的陆生杂草，优势种有芦苇（*Phragmites communis*）、加拿大一枝黄花（*Solidago canadensis*）、菰（*Zizania caduciflora*）、荩草（*Arthraxon hispidus*）、无芒稗（*Echinochloa crusgalli* var. *mitis*）、马兰（*Kalimeris indica*）、糙叶苔草（*Carex scabrifol*）等（沙晨燕等，2009）。

潮滩植被以芦苇为主，研究区域边滩区为崇明岛现存几片面积较大、较完整的芦苇群落之一（付杰等，2014），纯芦苇群落是宝贵的地方植被群落，是特有地方鸟种震旦鸦雀的繁殖区。一旦被破坏，生境破碎化，其生态服务功能将大幅度退化，对震旦鸦雀的种群数量会造成巨大影响（熊李虎等，2007）。

2.3　布点与采样

2.3.1　溢油事故发生及处置

溢油事故发生后，当地政府先后组织开展了应急处置和二次修复。本研究重点在分析事故发生后，河口滩涂湿地环境中沉积物和水体受到的污染影响，以及污染胁迫下滩涂大型底栖动物群落和典型物种的动态响应特征，因此样点布设和样品采集与溢油事故过程的重要时间节点密切关联。

2.3.1.1　事故发生经过

2012 年 12 月 30 日 16：45，一艘装载有 400 t 重油的船只在长江口上游江苏常熟白茆沙水域沉没，发生溢油事故。当时当地气象条件为风向西南偏西，风速大约在 4 m/s。长江口潮况为大潮涨憩。船上的重质燃油泄漏后进入水体，形成大面积油膜，在潮汐和风力的共同作用下，12 月 31 日上午开始，油污带抵达崇明西部边滩，严重影响滩涂湿地生态环境（图 2.3）。

图 2.3　溢油事故发生后滩涂污染情况

2.3.1.2　应急处置情况

溢油事故发生后，崇明县政府第一时间组织开展了水文监控工作，关闭崇西、新建等部分水闸。2013 年 1 月 2—8 日，随后组织实施了应急处置工作（图

2.4)。其间组织人力收割移除滩涂上受污染的芦苇植株，用吸油毡吸附去除水面漂浮的油膜，用机械将污染滩涂沉积物推至高潮滩集中掩埋区临时填放，以避免在潮汐作用下油污的二次污染释放，影响周边及下游生态环境。

图 2.4　受污染滩涂应急处置情况

2.3.1.3　二次修复情况

2014 年 1 月 10 日—4 月 20 日，根据前期针对滩涂沉积物总石油烃的风险评估结果，崇明县水务局组织实施了二次修复工作（图 2.5）。其间对 8 个重污染集中掩埋区内受污染沉积物进行挖掘（深度为 1 m 左右），外运处置，之后回填长江口来沙（实验室检测 TPH 未检出），在二次修复区域种青。

图 2.5　受污染滩涂二次修复情况

2.3.2　采样点位布设

　　研究区域滩涂上建有保滩丁坝 20 座,坝根处高程 4.2 m,坝头处高程 2.9 m,坝顶宽 3 m,采用灌砌块石护面。丁坝以新建港为参照,分东、西向依次命名为新建港西 1～18 坝和新建港东 1～2 坝。本研究根据集中掩埋区分布情况,共在两丁坝之间滩涂湿地上设置采样点位 13 个（含 1 个对照点位）,对应的坝号为采样点以东丁坝,具体采样点信息如图 2.6 与表 2.1 所示。

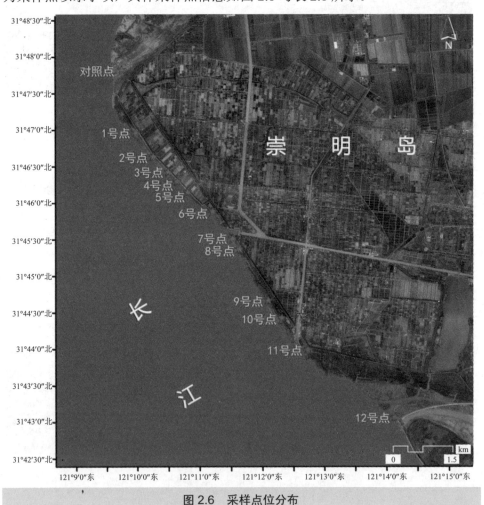

图 2.6　采样点位分布

表 2.1 采样点位及内容

点位编号	对应丁坝	经纬度	采样内容	备注
对照点	—	31°47′41.74″ 121°9′45.70″	沉积物	崇头北支口门滩涂
1 号点	港西 16 坝	31°46′58.00″ 121°9′57.72″	沉积物、底栖动物（定性、定量、TPH）	—
2 号点	港西 14 坝	31°46′38.80″ 121°10′16.32″	沉积物、底栖动物（定性）	—
3 号点	港西 13 坝	31°46′27.00″ 121°10′29.17″	沉积物、底栖动物（定性、定量、TPH）	紧邻丁坝
4 号点	港西 12 坝	31°46′17.98″ 121°10′37.33″	沉积物、底栖动物（定性、TPH）	—
5 号点	港西 11 坝	31°46′10.02″ 121°10′49.76″	沉积物、底栖动物（定性、定量、TPH）	—
6 号点	港西 9 坝	31°45′53.22″ 121°11′11.66″	沉积物、底栖动物（定性）	近绿华 5 号坝涵
7 号点	港西 7 坝	31°45′30.89″ 121°11′33.80″	沉积物、底栖动物（定性、定量、TPH）、水体	近崇西水闸
8 号点	港西 6 坝	31°45′23.64″ 121°11′40.34″	沉积物、底栖动物（定性、定量、TPH）	—
9 号点	港西 3 坝	31°44′40.31″ 121°12′4.56″	沉积物、底栖动物（定性、定量、TPH）	—
10 号点	港西 2 坝	31°44′26.12″ 121°12′17.35″	沉积物、底栖动物（定性）、水体	近新建水闸
11 号点	港东 1 坝	31°43′60.00″ 121°12′42.51″	沉积物、底栖动物（定性、TPH）	近崇西湿地科学实验站
12 号点	—	31°43′4.44″ 121°14′6.08″	水体	近东风西沙取水口

2.3.3　样品采集处理

2.3.3.1　环境样品采集处理

（1）沉积物样品

在事故发生后 3 个月左右，2013 年 3 月 27—28 日，对应急处置的高潮滩集中掩埋区 1～11 号点位、不受事故影响的对照点位，以及对应的中、低潮滩点位的表层沉积物（0～20 cm）进行采样。采用梅花布点采样法，每个区域采集 4 个平行样，使采样点均匀分布于区域中，每个平行样均取混合样 1～2 kg。采样时去除杂草及动植物残体等地表杂物，样品置于棕色磨口玻璃瓶内，立即置于 4℃避光冷藏保存［《海洋监测规范》（GB 17378—2007）］。

（2）水体样品

在事故发生后 3 个月左右，应急处置结束后，对典型集中掩埋区（7、10 号点位）及下游水体（12 号点位）进行采样。第 1 次采样在研究区域受溢油污染并经应急处置后，每周采样一次，共采样 2 次；第 2 次采样在应急处置 4 个月后，每周采样一次，共采样 4 次；第 3 次采样在应急处置 8 个月后，每周采样一次，共采样 4 次；第 4 次采样在应急处置 12 个月后，对集中掩埋区污染沉积物进行二次修复期间，每周采样一次，共采样 4 次。在各点位中潮滩进行采样，分别采集涨潮、落潮 1 L 的水样，使样品充分混合均匀存放在具四氟乙烯衬里的 1 L 棕色玻璃瓶中，水样注满空瓶，不留顶空，摇匀 1 min，作为该点位的代表性样品，并在 4℃下保存，样品在采样后 7 d 内提取完毕待测［《地表水和污水监测技术规范》（HJ/T 91—2002）］。

2.3.3.2　生物样品采集处理

（1）大型底栖动物样品

分别于 2013 年 3 月 27—28 日（应急处置后）和 2015 年 3 月 30—31 日（二次修复 1 年后），对研究区域的大型底栖动物进行采样，其中针对 1～11 号断面进行了定性采样，针对 1、3、5、7、8、9 号断面进行了定量采样。每个断面取 6 个样方，覆盖低、中、高 3 个潮区，并随时记录盐度、pH 等环境因子。样方取样面积为 50 cm×50 cm，先拣取框内表面的大型底栖动物，再挖取样框内底泥至 30 cm 深，用孔径 0.5 mm 的筛网冲洗去泥。所获样品用 4%的福尔马林固定后带回实验室，进行种类鉴定、个体计数、称重、生物量计算，并对所获数据进行统计分析（安传光等，2008）。

（2）无齿螳臂相手蟹样品

考虑到污染物在生物体内的累积需要一定过程，在应急处置后 1 年左右（2014 年 1 月 8 日），采集了集中掩埋区核心区 4 个样点（3、4、7、8 号点位）及其垂直于岸线上下潮滩 8 个样点（距离集中掩埋区 20 m）的无齿螳臂相手蟹样品。在二次修复后 1 年左右（2015 年 3 月 30 日），采集了集中掩埋区 8 个样点（1、3、4、5、7、8、9、11）的无齿螳臂相手蟹样品。生物体样品采集时，考虑到无齿螳臂相手蟹的活动范围，以集中填放区为中心点，周边 20 m² 范围内采集无齿螳臂相手蟹样品 1 kg 左右，当日送回实验室，对剥离出来的内脏和肌肉组织分别进行称重、匀浆，然后放于冷柜中-10℃下保存。

2.4　样品检测分析

2.4.1　多环芳烃测定

2.4.1.1　沉积物多环芳烃

沉积物多环芳烃采用气相色谱-质谱联用分析方法测得，检测步骤为：精密称取 30.00 g 沉积物样品，加入代用标准溶液，用 100ml 丙酮-二氯甲烷 1:1 混合溶剂，超声提取 6min，模式为脉冲模式(即超声 1 秒，间隔 1 秒)，将萃取液收集于锥形瓶中，重复此过程 2～3 次，合并提取液。提取液用旋转蒸发仪浓缩至 0.5 ml，加入内标物，定容至 1ml，上机测试。采用气相色谱-质谱联用仪（Agilent 7890A/5875C）对多环芳烃各组分进行定性和定量分析。其中，气相色谱条件：色谱柱为 DB-5MS 柱（30 m×0.25 mm×0.25 μm），载气为高纯氦，流速 1.0 ml/min，进样口温度为 280℃，不分流进样，柱箱升温程序 40℃保持 4 min，以 8℃/min 升至 300℃，保持 15 min，进样量 1 μl；质谱条件：气相色谱质谱接口温度 230℃，离子化方式 EI（电子轰击离子化），轰击能量 70 eV，自动调谐，质谱全扫描（SCAN）质量数扫描范围为 50～300 mu。

2.4.1.2 水体多环芳烃

水体中多环芳烃采用高效液相色谱法测得，检测步骤为：量取 1 L 的水溶液样品，加入待用标准溶液，在 1L 分液漏斗中重复用 50ml 二氯甲烷对其进行提取 2 次，提取液经过无水硫酸钠干燥后，收集于同一 250 ml 锥形瓶中，将水相倒入水槽，在分液漏斗中加入 10ml 二氯甲烷，振荡后将所有液体经无水硫酸钠干燥后与提取液合并。经旋转蒸发仪浓缩至 1～2 ml，加入 5ml 正己烷，浓缩至 1ml，重复浓缩 3 次后，再加入 3ml 乙腈，浓缩至 1ml，上机测试。多环芳烃化合物用高效液相色谱仪进行定性和定量分析。其中，色谱条件：色谱柱为反向 C18 柱；柱箱温度 35℃；初始流动相组成为：60%乙腈 40%水，保持 27 分钟后，流动相组成经过 14 分钟变为：100%乙腈，保持至出峰完毕；流动相流速为 1.2ml/min；检测器：紫外二极管阵列检测器(PDA)，紫外检测器的波长为：220nm、230nm、254nm、290nm；进样体积为 10μl。

2.4.2 总石油烃测定

沉积物样品采用气相色谱法测定 TPH 含量，无齿螳臂相手蟹生物体样品按《海洋监测规范》（GB17378—2007）（中国国家标准化管理委员会，2007）方法，分别由紫外分光光度法和荧光分光光度法测得 TPH 含量。

2.4.2.1 沉积物总石油烃

沉积物中 TPH 采用气相色谱仪进行定性和定量分析，检测步骤为：称取 30g（±0.000 1）沉积物样品于 250ml 烧杯中，加 100 ml 丙酮-二氯甲烷 1∶1 混合溶剂，超声提取 6min，模式为脉冲模式(即超声 1 秒，间隔 1 秒)，将萃取液收集于锥形瓶中，重复此过程 2～3 次，合并提取液。提取液用旋转蒸发仪浓缩至 1 ml，上机测试。

2.4.2.2 生物体总石油烃

无齿螳臂相手蟹体内 TPH 的测试步骤为：准确称取 2～5 g（±0.000 1）生物样品于皂化瓶中，加入 20 ml 氢氧化钠溶液，在室温下避光皂化 8～12 h，期间每隔 1 h 摇动皂化瓶数次，加入 20 ml 无水乙醇溶液，充分摇匀，4 h 后进行萃取，制得样品消化液。将皂化液转入 500 ml 分液漏斗中，用 10 ml 二氯甲烷洗涤皂化瓶，洗涤液转入分液漏斗中，加 30 ml 氯化钠溶液和 100 ml 水，振荡 3 min（注意放气），静置分层；将有机相收集于旋转蒸发瓶中，与旋转蒸发器连接，在 50℃水浴中将二氯甲烷萃取液蒸发至 0.5 ml，取下旋转蒸发瓶，用氮气将残留二氯甲烷萃取液吹干，准确加入 10.0 ml 脱芳石油醚溶解残留物；将石油醚溶液转入 1 cm 石英池内，按选定的仪器参数测定样品制备液和空白样品的相对荧光强度，从工作曲线上查出相应的石油烃的量。

2.5 水槽实验设计

本研究通过水槽实验进一步分析河口滩涂湿地石油污染物冲刷和释放规律。水槽实验在上海大学应用数学和力学研究所的多功能环境水槽中开展，该水槽由计算机控制，能按要求模拟潮流、风生流等复杂天然水体流动。有多种泥样、水样采集装置，采用该水槽能开展复杂环境水动力学实验。

2.5.1 实验参数设置

实验用玻璃水槽长 6.0 m，宽 0.25 m，高 0.45 m（图 2.7）。采用水槽实验

图 2.7 水槽实验区域全景

研究长江口滩地石油污染物冲刷和释放规律,首先要使水槽中的水流流动与长江口滩涂区域水流流动相似,泥沙运动规律基本相似。根据一般相似原理,两个流动现象要保持相似,必须满足几何相似、运动相似和动力相似3方面条件(张涤明等,1986;赵汝溥,1991;张春生等,2000),几何相似由模型尺度予以保证,运动相似和动力相似则需进一步分析控制流动的主要因素,确定相似准则,然后在流动设计中保证各对应准数相等,维持模型和原型流动在相同条件下进行。

已知泥沙滩涂处水位高度约为1.3 m,而试验设计水位高度最大为6.0 cm,根据相似原理可知,α_h=22.08,水流最大速度为1.39 m/s,则有α_u=4.70,计算可得试验时最大流速为0.296 m/s。由于试验设备精确度原因,不能满足实际最小水流速度,故根据实际流速变化情况,设计试验水流流速,其中最小水流速度为0.160 m/s。同时,根据试验水流速度,可得到对应水位高度变化。通过实际测量,实际水流速度如表2.2所示,则由相似原理得到试验控制水流速度。试验设计水位高度如表2.2所示。水槽控制系统变化如表2.3所示。

表2.2 流速、水位高度对应

实际流速/(m/s)	1.391	1.312	1.256	1.118	0.980	0.787	0.596	0.395	0.220	0.035
对应流速/(m/s)	0.296	0.279	0.267	0.238	0.209	0.167	0.127	0.084	0.047	0.007
水位高度/cm	6.0	5.9	5.8	5.4	5.2	4.9	4.6	4.0	3.4	2.5

表2.3 水槽控制系统设定

水泵频率	正向入口调节阀	正向出口调节阀	流量/m³	水位高度/cm
20	99	63	16.0	6.0
19	99	62	14.9	5.9
18	99	60	14.2	5.8
17	99	58	12.8	5.4
16	99	55	11.7	5.2
15	99	51	10.5	4.9

水泵频率	正向入口调节阀	正向出口调节阀	流量/m³	水位高度/cm
13	99	48	9.3	4.6
11	99	42	7.7	4.0
10	99	33	6.0	3.4
9	99	20	3.6	2.5

2.5.2　实验材料与方法

将长江沿岸泥沙滩涂采集来的沉积物与水,按照泥水重量比 6:1 搅拌均匀后,再将油混入先前搅拌好的沉积物中,泥油重量比为 30:4,搅拌均匀。

模拟潮流条件,交替进行水流流速连续变化的进水与停止进水。涨潮阶段为连续进水 15 min,然后落潮阶段停止 30 min 进水;再连续进水 15 min,此为一个进水周期,以此循环模拟潮期。变化调整的时间步长为 90 s。

模拟潮汐作用下的水位连续涨落过程,水位具有由高到低,再由低到高的变化特征,流速也相应地由高到低,再由低到高变化,实验流速变化与实际流速变化符合相似原理。

根据实际潮汐涨落规律,已知河口滩涂一天内含两个涨潮落潮周期,而试验中设计 1 h 为一个周期,实验 24 h 对应实际涨潮落潮为 12 d。试验共进行 10 d,即对应实际中泥沙滩涂受潮汐作用为 120 d。

共进行了 3 次实验,每次实验均采用 380 #船用燃料油,实验水温如下:

第一次试验平均水温为 27.5℃;

第二次试验平均水温为 16℃;

第三次试验平均水温为 8.5℃。

2.5.3　沉积物采样测定

试验开始后,分别间隔 1 d、1.5 d、2 d、2.5 d 和 3 d,抽取泥样,测量其中的石油烃含量,计算该时间段内由沉积物中释放的石油烃量。取样区域如图 2.8 所示,取样时从左到右依次取出,分别对取样区域表面和中底部泥样取样装瓶

（图 2.9）。之后，用石柱填入取样区域，继续实验，直至所有取样完成，试验结束。总石油烃分 4 段（$C_6 \sim C_9$、$C_{10} \sim C_{14}$、$C_{15} \sim C_{28}$ 和 $C_{29} \sim C_{36}$）测量。

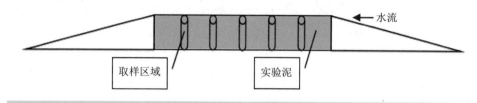

图 2.8　水槽实验装置模型

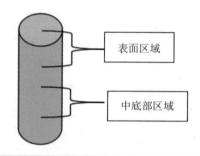

图 2.9　水槽实验取样区域

　　按长江口潮流条件，调节水槽中水流，模拟长江口潮流条件。
　　按上述水流条件，实验获得含油泥沙中石油烃释放规律。

2.6　数据处理分析

　　所有统计分析均在 SPSS 19.0 中完成，采用 Pearson 相关分析，检验滩涂沉积物中 TPH 和 PAHs、生物体肌肉与内脏组织中 TPH、生物体内与沉积物中 TPH 之间的关系；以 T 检验，判断不同高程潮滩沉积物中 TPH 和 PAHs、不同修复阶段生物体内 TPH 差异是否显著。
　　利用 Excel 2007 进行图件制作，误差线均为标准差。

第3章　河口地区溢油事故快速响应模型模拟

溢油事故发生后，借助水动力和溢油扩散模型实现快速模拟和分析，是初步判断溢油污染程度、锁定溢油污染范围的重要技术环节，计算结果也可为后续溢油污染调查评估及处理处置提供重要依据。本章主要通过设定水动力控制方程和边界条件，进行模型率定与验证，为溢油模型提供污染模拟计算的流场条件。使用 OILMAP 的轨迹和归宿计算模型，基于本地化的油品信息、岸线条件、气象和流场数据，准确地模拟本次溢油事故的影响程度、范围和风化过程，明确本次溢油事件影响范围，为后续研究提供基础支撑。

3.1　溢油模型系统构建

3.1.1　水动力主要控制方程

利用 ECOMSED 源代码数值模式建立长江口杭州湾大范围海域三维流场，为之后溢油模型提供数值计算的流场条件。

模型中垂向采用 σ 坐标，使用贴体正交曲线网格。基于浅水和 Boussinesq 假设，求解不可压流体的 Navier-Stokes 方程组（林卫青等，2010）。

三维流场模型的基本方程为：

（1）连续方程

$$\frac{\partial \zeta}{\partial t} + \frac{1}{\sqrt{G_{\xi\xi}}\sqrt{G_{\eta\eta}}} \frac{\partial \left[(d+\zeta)U\sqrt{G_{\eta\eta}}\right]}{\partial \xi} + \frac{1}{\sqrt{G_{\xi\xi}}\sqrt{G_{\eta\eta}}} \frac{\partial \left[(d+\zeta)V\sqrt{G_{\xi\xi}}\right]}{\partial \eta} = Q \quad (3\text{-}1)$$

式中：G—— 坐标变换张量；

$\qquad d$—— 水深；

$\qquad \zeta$ —— 水位；

$\qquad d + \zeta = H$—— 总水深；

$\qquad (U, V)$ —— (ξ, η) 方向的垂向平均流速；

$\qquad Q$—— 源、汇项，表示为：

$$Q = H\int_{-1}^{0}\left(q_{in} - q_{out}\right)d\sigma + P_r - E_v \quad (3\text{-}2)$$

式中：q_{in} 和 q_{out}—— 单位体积的源和汇；

$\qquad E_v$—— 蒸发项；

$\qquad P_r$—— 降水项。

（2）水平动量方程

$$\frac{\partial u}{\partial t} + \frac{u}{\sqrt{G_{\xi\xi}}}\frac{\partial u}{\partial \xi} + \frac{v}{\sqrt{G_{\eta\eta}}}\frac{\partial u}{\partial \eta} + \frac{\omega}{d+\zeta}\frac{\partial u}{\partial \sigma} + \frac{uv}{\sqrt{G_{\xi\xi}}\sqrt{G_{\eta\eta}}}\frac{\partial \sqrt{G_{\xi\xi}}}{\partial \eta} - \frac{v^2}{\sqrt{G_{\xi\xi}}\sqrt{G_{\eta\eta}}}\frac{\partial \sqrt{G_{\eta\eta}}}{\partial \xi}$$

$$-fv = -\frac{1}{\rho_0\sqrt{G_{\xi\xi}}}P_\xi + F_\xi + \frac{1}{(d+\zeta)^2}\frac{\partial}{\partial \sigma}\left(\upsilon_V\frac{\partial u}{\partial \sigma}\right) + M_\xi$$

$$\frac{\partial v}{\partial t} + \frac{u}{\sqrt{G_{\xi\xi}}}\frac{\partial v}{\partial \xi} + \frac{v}{\sqrt{G_{\eta\eta}}}\frac{\partial v}{\partial \eta} + \frac{\omega}{d+\zeta}\frac{\partial v}{\partial \sigma} + \frac{uv}{\sqrt{G_{\xi\xi}}\sqrt{G_{\eta\eta}}}\frac{\partial \sqrt{G_{\eta\eta}}}{\partial \xi} - \frac{u^2}{\sqrt{G_{\xi\xi}}\sqrt{G_{\eta\eta}}}\frac{\partial \sqrt{G_{\xi\xi}}}{\partial \eta}$$

$$+fu = -\frac{1}{\rho_0\sqrt{G_{\eta\eta}}}P_\eta + \tilde{F}_\eta + \frac{1}{(d+\zeta)^2}\frac{\partial}{\partial \sigma}\left(\upsilon_V\frac{\partial v}{\partial \sigma}\right) + M_\eta$$

$$(3\text{-}3)$$

式中：P_ξ 和 P_η—— 压强梯度力项；

F_ξ 和 F_η —— 水平雷诺应力项；

M_ξ 和 M_η —— 外力项；

f —— 科氏力参数；

v_D —— 垂向黏滞系数；

ρ_0 —— 水密度；

(u, v) —— (ξ, η) 方向的水平流速；

ω —— σ 坐标系下的垂向流速。

（3）垂向速度

σ 坐标系下的垂向流速 ω 由连续方程求得：

$$\frac{\partial \zeta}{\partial t} + \frac{1}{\sqrt{G_{\xi\xi}}\sqrt{G_{\eta\eta}}} \frac{\partial \left[(d+\zeta)u\sqrt{G_{\eta\eta}}\right]}{\partial \xi} + \frac{1}{\sqrt{G_{\xi\xi}}\sqrt{G_{\eta\eta}}} \frac{\partial \left[(d+\zeta)v\sqrt{G_{\xi\xi}}\right]}{\partial \eta} + \frac{\partial \omega}{\partial \sigma} \quad (3\text{-}4)$$
$$= H\left(q_{\text{in}} - q_{\text{out}}\right)$$

方程右边是表层的蒸发与降水作用。在模型方程中"物理"垂向速度 ω 在笛卡尔坐标系下并未涉及，仅在后处理中使用，可以表示为：

$$w = \omega + \frac{1}{\sqrt{G_{\xi\xi}}\sqrt{G_{\eta\eta}}} \left[u\sqrt{G_{\eta\eta}}\left(\sigma\frac{\partial H}{\partial \xi} + \frac{\partial \zeta}{\partial \xi}\right) + v\sqrt{G_{\eta\eta}}\left(\sigma\frac{\partial H}{\partial \eta} + \frac{\partial \zeta}{\partial \eta}\right) \right] + \left(\sigma\frac{\partial H}{\partial t} + \frac{\partial \zeta}{\partial t}\right)$$
$$(3\text{-}5)$$

（4）静压近似

$$\frac{\partial P}{\partial \sigma} = -g\rho H \quad (3\text{-}6)$$

积分后得：

$$P = P_{\text{atm}} + gH \int_\sigma^0 \rho(\xi, \eta, \sigma', t) d\sigma' \quad (3\text{-}7)$$

式中：P —— 压强；

P_{atm} —— 大气压；

ρ —— 水密度。

（5）状态方程

水密度 ρ 是盐度 s（ppt）和温度 T（℃）的函数：

$$\rho = \frac{1\,000P_0}{\lambda + \alpha_0 P_0} \tag{3-8}$$

式中： $\lambda = 1\,779.5 + 11.25T - 0.0745T^2 - (3.80 + 0.01T)s$ ；

$\alpha_0 = 0.698\,0$ ；

$P_0 = 5\,890 + 38T - 0.375T^2 + 3s$ 。

3.1.2　边界条件

（1）运动学边界条件

在 σ 坐标下，表层和底层的运动学边界条件分别为：

$$\begin{cases} \omega\big|_{\sigma=-1} = 0 \\ \omega\big|_{\sigma=-0} = 0 \end{cases} \tag{3-9}$$

（2）底边界条件

在底床上，动量方程的边界条件为：

$$\begin{cases} \dfrac{\upsilon_V}{H}\dfrac{\partial u}{\partial \sigma}\bigg|_{\sigma=-1} = \dfrac{1}{\rho_0}\tau_{b\xi} \\ \dfrac{\upsilon_V}{H}\dfrac{\partial v}{\partial \sigma}\bigg|_{\sigma=-1} = \dfrac{1}{\rho_0}\tau_{b\eta} \end{cases} \tag{3-10}$$

式中： $\tau_{b\xi}$ 和 $\tau_{b\eta}$ —— 底部切应力 τ_b 在 ξ 和 η 方向上的分量。仅在流的作用下使用二次率参数化的形式：

$$\bar{\tau}_b = \rho C_b |\bar{u}|\bar{u} \tag{3-11}$$

式中： ρ —— 海水的密度；

$\bar{u}$ —— 深度平均流速矢量或近底流速矢量；

C_b —— 底应力拖曳系数，模型中选取与底摩擦曼宁系数 m_f 有关的形式：其中 m_f 为 0.013（堵盘军，2007）。

（3）表面边界条件

$$\left.\frac{\upsilon_V}{H}\frac{\partial u}{\partial \sigma}\right|_{\sigma=0} = \frac{1}{\rho_0}\left|\vec{\tau}_a\right|\cos(\theta) \tag{3-12}$$

$$\left.\frac{\upsilon_V}{H}\frac{\partial v}{\partial \sigma}\right|_{\sigma=0} = \frac{1}{\rho_0}\left|\vec{\tau}_a\right|\sin(\theta) \tag{3-13}$$

式中：$\vec{\tau}_a$ —— 表面风应力；

θ —— 风应力与 η 方向的夹角。

对 $\vec{\tau}_a$ 采用广泛使用的二次率参数化形式：

$$\vec{\tau}_a = \rho_a C_D \left|\vec{W}\right|\vec{W} \tag{3-14}$$

式中：ρ_a —— 空气密度；

$\vec{W}$ —— 10 m 的风速矢量，它的两个分量为（U_{wd}，V_{wd}）；

C_D —— 水对风的拖曳系数，取随风速变化的形式：

$$C_D = \left(0.73 + 0.069\left|\vec{W}\right|\right)\times 10^{-3} \tag{3-15}$$

（4）模型范围与网格划分

模型范围覆盖长江口及近岸海域，长江干流上游边界到大通断面，下游范围到东经 124°，南北方向为北纬 30°～32°。

网格数 146×131，垂向分为 6 层，计算时间步长为 240 s。

（5）边界条件设置与选取

水位和流速对外界动力响应较快，初值均取为零；边界条件涉及长江口上边界，杭州湾上边界和 3 个外海开边界。

对长江径流边界取大通站的当月平均值，杭州湾上游边界取钱塘江实测径流量，盐度边界采用流入定常，流出无梯度的辐射边界条件（卢士强等，2013）。

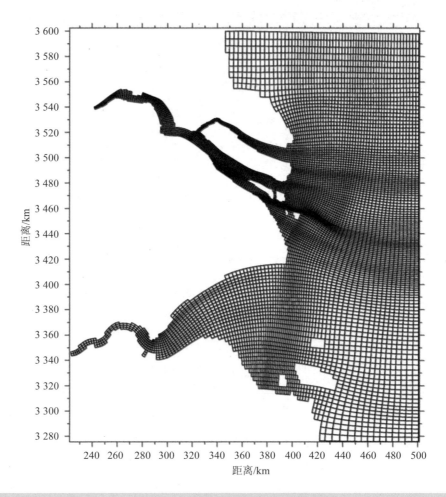

图 3.1　大模型研究范围和网格划分

3.1.3　模型率定与验证

分别利用长江口水域内代表性测点的流速、流向等历史实测资料进行水动力模型的率定和验证。定点观测布置见图 3.2。其中 P1、P4、P7、P8 为船测测点资料，大小潮分段监测，时间不连续，但同时监测了水体表、中、底层数据；P2、P3、P5、P6 为浮筒测点资料，大小潮时段连续监测，时间连续，但只能监测水体表层数据。

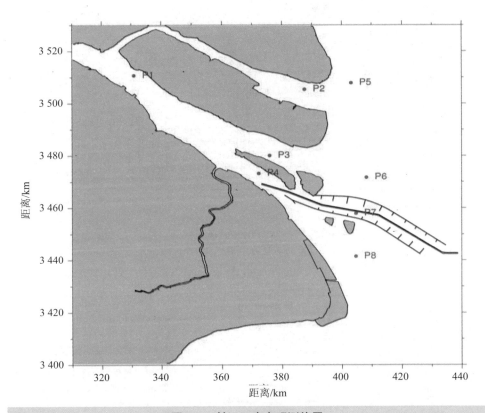

图 3.2　长江口定点观测位置

　　分析模拟结果与实测资料的对比图（图 3.3），除个别站位的部分时段的模拟结果与实测值相比误差稍大外（可能是由于地形资料和边界条件的偏差引起），从总体上看，长江口各站位流速和流向的数值计算结果都与实测值比较吻合，大潮期间的模拟误差普遍要小于小潮。流速平均相对误差在 5%～15%，潮况相位误差小于 30 分钟，较好地反映了长江口水域的流场特征，可为长江口及口外海域溢油事故的模拟提供准确的水动力条件（卢士强等，2013）。

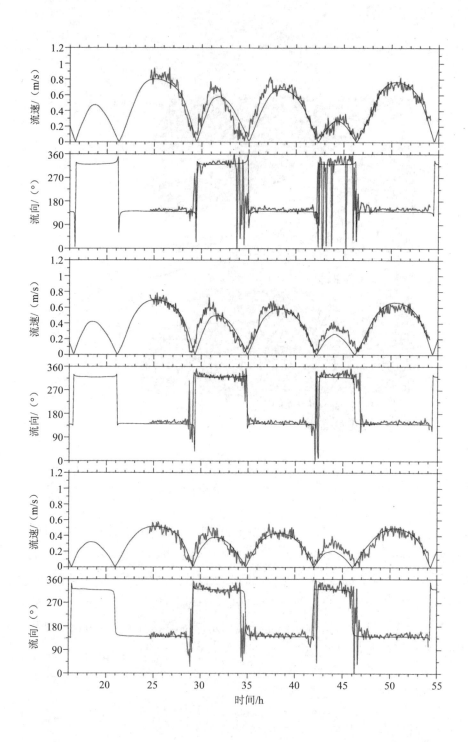

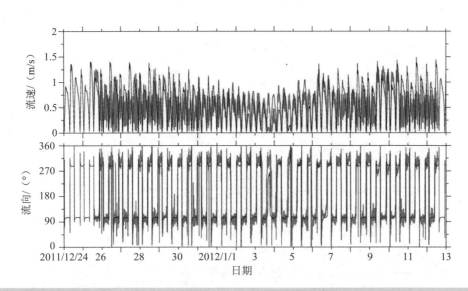

图 3.3 浮筒流速流向率定与验证结果

注：表层，红线：实测资料，黑线：模拟结果；由上至下：表、中、底层。

3.1.4 溢油模型及风化过程

利用水动力模型的结果作为溢油模型的流场输入文件，采用 OILMAP 模型进行溢油事故的模拟预测（ASA，2012）。研究中使用该模型的油膜轨迹计算和概率计算模块，快速估计溢油的运动情况，预测泄漏的油品在水体表面的运动轨迹。溢油最初用一系列的溢油点表示，每个溢油点平均表示溢油总量的一部分。溢油点在风和流的作用下结合随机扰动分散进行平流输送。同时，油品会发生蒸发、扩散、进入水体、乳化，以及吸附到岸边的现象。所有这些过程将影响油品的物化状态、环境分布及归宿。

3.1.4.1 轨迹计算模型

轨迹计算模型主要考虑以下几个过程。

（1）水平扩散

溢油模型假设溢油可以被分为独立的拉格朗日颗粒，每一个粒子代表已知量的油品。矢量方向上的油颗粒以 $\overrightarrow{X_i}$ 表示，并且定义为：

$$\overrightarrow{X_t} = \overrightarrow{X_{t-1}} + \Delta t \times \overrightarrow{U_{oil}} \qquad (3\text{-}16)$$

式中：Δt——时间步长，s；

$\overrightarrow{X_{t-1}}$——时间 $t-1=t-\Delta t$ 时的滑动位置；

U_{oil}——滑动速度，m/s；

颗粒水平移动速度 U_{oil}（m/s）定义为：

$$\overrightarrow{U_{oil}} = \overrightarrow{U_w} + \overrightarrow{U_t} + \overrightarrow{U_r} + \alpha \times \overrightarrow{U_e} + \beta \times \overrightarrow{U_p} \qquad (3\text{-}17)$$

式中：U_w——风和浪引起的移动速度，m/s；

$\overrightarrow{U_t}$——流场引起的移动速度，m/s；

U_r——余流（背景）引起的流动速度，m/s；

U_e——Ekman 流引起的移动速度，m/s；

$\overrightarrow{U_p}$——井喷造成的移动速度，m/s；

α——表层移动为 0，表层以下为 1；

β——无井喷为 0，有井喷为 1。

（2）漂流因子

漂流因子是油品漂流速度与风速的比值。由于风引起漂流速度表示为 U_{wc} 和 V_{wc}，分别代表向东和向北的方向，公式如下：

$$\begin{cases} U_{wc} = C_1 \times U_w \\ V_{wc} = C_1 \times V_w \end{cases} \qquad (3\text{-}18)$$

式中：U_w——风速东向的分量，m/s；

V_w——风速北向的分量，m/s；

C_1——漂流因子，%。

观测结果显示漂流因子是在 1.0%～4.5%的一个常数，在开阔水域常用 3%～3.5%。

（3）漂流角度

漂流角度是油膜漂流方向相对于风向的顺时针方向夹角（北半球向右）。由风导致的漂流速度 U_{wd} 和 V_{wd}（m/s）（向东、向北速度）分别表示为：

$$\begin{cases} U_{wd} = U_{wc} \times \cos\theta + V_{wc} \times \sin\theta \\ V_{wd} = -U_{wc} \times \sin\theta + V_{wc} \times \cos\theta \end{cases} \qquad (3\text{-}19)$$

式中：U_{wd}——风速东向的分量，m/s；

　　　V_{wd}——风速北向的分量，m/s；

　　　θ——漂流角度，（°）；

　　漂流角度是一个常数：

$$\theta = Cc \qquad （3\text{-}20）$$

式中：Cc——恒定漂流角度，（°）。

　　默认值为 0，高纬度地区宜采用较小的正值。

（4）扩散

一个随机游走扩散过程加上水平离散可以用于计算一定流场范围内的溢油扩散过程，油膜滑动扩散的距离 x_{dd} 和 y_{dd}（东、北方向）分别表示为（Bear and Verruijt, 1987）：

$$\begin{cases} x_{dd} = \gamma \times \sqrt{6 \times D_x \times \Delta t} \\ y_{dd} = \gamma \times \sqrt{6 \times D_y \times \Delta t} \end{cases} \qquad (3\text{-}21)$$

式中：D_x——东西向水平扩散系数，m^2/s；

　　　D_y——南北向水平扩散系数，m^2/s；

　　　Δt——时间步长，s；

　　　γ——随机数，$-1 \sim +1$；

　　水平扩散系数 D_x 和 D_y 在通常情况下是相等的。

3.1.4.2　归宿计算模型

归宿模型主要考虑以下溢油的风化过程。

（1）表面扩展

表面扩展决定了表面油品的扩散范围，进而会影响到油品蒸发、溶解、分散和光学氧化的速率，这些都反映了水体表面油品物化特性的变化过程。表面扩展是两方面作用的结果，一方面是紊态扩散，另一方面是重力、惯性、黏度及表面张力之间的平衡。油膜表面扩展变化速率（Mackay et al., 1980），$\tilde{A}_{tk}$ 定义如下：

$$\tilde{A}_{tk} = \frac{\mathrm{d}A_{tk}}{\mathrm{d}t} = K_1 \times A_{tk}^{1/3} \times \left(\frac{V_m}{A_{tk}}\right)^{4/3} \qquad (3\text{-}22)$$

式中：$\tilde{A}_{tk}$ —— 油膜表面积，m^2；

$\quad\quad K_1$ —— 扩展速率系数，1/s；

$\quad\quad V_m$ —— 表面油膜体积，m^3；

$\quad\quad t$ —— 时间，s。

单一油颗粒表面积变化率 $\tilde{A}_{tk}$（m^2/s）（Spulding et al.，1992）计算公式如下：

$$\tilde{A}_{tk} = \frac{\mathrm{d}A_{tk}}{\mathrm{d}t} = K_1 \times A_{tk}^{1/3} \times \left(\frac{V_m}{A_{tk}}\right)^{4/3} \left(\frac{R_s}{R_e}\right)^{4/3} \qquad (3\text{-}23)$$

式中：$\tilde{A}_{tk}$ —— 单位油颗粒表面积，m^2；

$\quad\quad K_1$ —— 表面扩展率系数，1/s；

$\quad\quad V_m$ —— 单位油颗粒中的油量，m^3；

$\quad\quad R_s$ —— 单位油颗粒半径，m；

$\quad\quad R_e$ —— 表面油膜有效半径，m。

（2）蒸发

蒸发速率与表面积、厚度、蒸汽压、质量转化系数（油品中化合物作用）、风速及温度有关。油品蒸发时，化合物结构发生变化，这会导致油品本身的密度、黏度及此后的蒸发情况变化。挥发性较大的烃类蒸发最快，一般在 1 d 之内甚至 1 h 以内（Boehm et al.，1982）。随着油品的继续风化，大量形成水/油乳化时，蒸发将明显减少。蒸发模型假设油品在油膜中完全混合。对于较厚的黏性油膜，完全混合的假设并不适用，实际上新鲜油品将在几天甚至到几周内保持黏性水油乳化状态。蒸发暴露模型（Stiver and Mackay，1984）是一个预测蒸发组分的解析方法。使用蒸馏数据估算解析公式中所需的参数。蒸发组分 F_v 定义为：

$$F_v = \ln\left[1 + B \times (T_G / T) \times \theta \times \exp\left(A - B \times T_0 \div T\right)\right]\left[T \div (B \times T_G)\right] \qquad (3\text{-}24)$$

式中：T_0 —— 修正蒸馏曲线的起始沸点，K；

$\quad\quad T_G$ —— 修正蒸馏曲线的斜率；

T —— 环境温度，K；

A，B —— 无量纲常数（一般原油 A = 6.3，B =10.3）；

θ —— 蒸发方向。

蒸发方向 θ 计算如下：

$$\theta = \left(\frac{K_m \times A \times t}{V_0} \right) \tag{3-25}$$

式中：K_m —— 质量传输系数，m/s；

A —— 油膜面积，m^2；

t —— 时间，s；

V_0 —— 溢油量，m^3。

（3）夹带

水体表面的油品暴露在风浪中，会被夹带和扩散到水体中去。夹带作用将结合小颗粒油品进入水体，之后有可能被分解、溶解、扩散或上升回到水体表面。夹带现象与环境的紊动关系密切，在波浪能量较高的地区更强烈。

夹带是指肉眼可见的油滴由于波浪的作用从水体表面转移到水体中的物理过程，是被夹带的油品被击碎成为大小不同的油滴并在水体中扩散。波浪也是夹带作用的主要能量来源。

（4）乳化

油包水乳化的形成主要与油的组分及海洋环境有关。分散在油品连续相的微米级小滴形态下，乳化的油可以包含 80%的水（Wheeler，1978；Daling and Brandvik，1988），黏性一般高于原始油品，与水的结合显著增加了油/水混合物的体积。油包水状乳化的结构变化趋势和稳定性表现为沥青质和石蜡的成分（Bobra，1991）。纯净物质由于其表面缺少活性物质，一般不形成稳定的油包水乳化（Payne and Phillips，1985）。乳化的形成是表面活性化，如多环混合物和沥青质作用的结果，这些混合物在许多原油中是被芳香族溶剂稳定住的。随着芳香族在风化中的削减，沥青质开始沉淀，沉积的沥青质会降低油/水交界面的表面张力，从而开始乳化过程。水通过油/水界面的瓦解或扭曲变形进入油相。界面变形可能由紊动、毛细波动、Rayleigh-Taylor 不稳定性或者 Kelvin-Helmholtz 不稳定性导致。在油相中的水滴由沥青质的沉淀进行稳定。

（5）登陆

溢油最终吸附在岸边主要与油品的特性、岸边类型及能量环境有关，即使在登陆以后油品也仍然会继续风化。此时，另外一些过程便十分重要：解吸附、渗透、海岸地下水的滞留/运输系统等。还会引起被油品腐蚀的潜土层离岸沉淀。OILMAP 对于这些沿岸的过程也进行了参数化，具体描述如下。

OILMAP 中水陆网格不同的岸边类型反映在岸线网格中拥有不同的吸油特性。岸线网格化过程可以让用户对每个网格进行定义。当油品与岸线相交时将发生沉淀现象；当岸线的吸油能力达到饱和，沉淀过程停止；后面到达岸边的油将不能停留并被吸附在已经饱和的岸线上。

沉积在岸线的油品是随时间以指数级去除的，被去除的油品在涨潮和离岸风向时回到水体中可能沉积的油品量比例，以 F_{sh} 表示：

$$F_{sh} = \frac{A_{lg}}{A_s} \tag{3-26}$$

式中：A_{lg} —— 陆地网格面积；

A_s —— 表面油颗粒面积。

如果岸线上的油品总量累加没有达到岸线的饱和能力，沉积现象就会继续发生。第一种类型岸线的持有能力 $M_{h,i}$（kg），为：

$$M_{h,i} = \rho_0 \times t_i \times W_i \times L_{gi} \tag{3-27}$$

式中：i —— 岸线类型参数；

ρ_0 —— 沉积油品的密度，kg/m^3；

t_i —— 可以沉积的最大油膜厚度（与岸线类型及油品黏度有关）；

W_i —— 油膜覆盖的岸线宽度；

L_{gi} —— 油膜覆盖的岸线长度。

任意时刻岸上油品总量 M_R 为：

$$M_R = M_0 \times \left(1 - \exp[t \div T]\right) \tag{3-28}$$

式中：M_0 —— 油沉积在岸上的初始质量，kg；

t —— 时间，d；

T —— 去除时间，d。

3.2 溢油事故快速模拟

3.2.1 主要数据本地化获取

3.2.1.1 静态环境信息数据

（1）油品信息本地化

本次污染事故的泄漏油品以重质燃料油为主，国内主要使用和运输的船用重质燃料油为 380#燃料油，是低硫燃料油，黏度较高，其油品基本特性如表 3.1 所示。

表 3.1 重质燃料油理化性质（380#）

名称		380#燃料油
标准牌号项目		380
运动黏度（50℃）/（mm²/s）	≤	380
雷氏黏度（37.8℃）	≤	3 600
闪点（闭口）/℃	≥	60
上倾点/℃	≤	30
残碳质量分数/%	≤	18
灰分质量分数/%	≤	0.15
水分质量分数/%	≤	1
机械杂质质量分数/%	≤	0.1
密度/（kg/m³）		0.991
含硫量质量分数/%	≤	3.5

将本地 380#燃料油信息根据模型要求进行换算后，作为自定义油品加入模型油品数据库，然后进行方案测算。

（2）岸线条件本地化

油品吸附上岸发生在溢油到达海岸线并重新返回到海洋的过程中。根据观测的溢油事故，海滩容纳溢油的能力是有限的。不同类型海滩上可以吸附的最大石油量取决于石油类型、石油体积和海滩坡度。Gundlach 和 Boehm（1981）提出了一种针对 7 种类型海滩纳油容量的可靠的分类：光秃的和岩石覆盖的海岸线，冲刷的泥沙峭壁、沙滩、石滩、潮汐滩涂和沼泽。对于每一种岸线类型，都可以根据简化的一阶指数降解给出去除系数。岸线信息将连同地形一起，被绘成图像并网格化用在模拟过程中。

在本研究中建立长江口地区水陆网格，使用 GIS 工具将现有岸线图层（*.shp）进行修改编辑，保证水陆边界线与实际情况基本一致。将边界图层导入到模型基础底图后，通过模型数据菜单中的编辑边界工具进行编辑。选择岸线类型为潮滩，经过现场调研和考察，事故附近的东风西沙区域的潮滩宽度在 80 m 左右，因此在模型中设置为窄潮滩（图 3.4）。

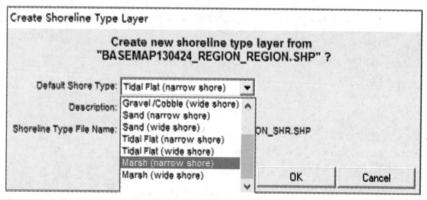

图 3.4　河口岸线条件本地化

3.2.1.2　动态环境信息数据

（1）气象数据

气象数据库用于存储各类实时变化的气象参数，如风速、风向、气温、湿度等。这类参数主要用于水动力模型的实时计算，以及溢油模型的轨迹和归宿模拟。气象数据库的原始数据来源主要包括：固定站点自动监测实时传输数据、人工手动输入数据，以及在线风场数据（卢士强等，2012）。

本研究中使用系统下载的全球 NCEP 风场数据。通过系统的界面选项，下载了球风场模型的预测成果，得到模拟时段所需风场数据。溢油事故发生时当地气象条件为风向西南偏西，风速大约在 4 m/s。

（2）流场数据

流场数据库用于存储每日实时运算的水动力模型得到的流场结果，以支撑溢油模型的模拟。流场数据参量包括流速、流向，空间范围包含长江口及杭州湾海域，数据是以三维水动力模型滚动计算并以 NetCDF 格式进行保存，便于溢油模型随时调用。本次溢油事故发生时刻的长江口潮况为大潮涨憩。

3.2.2 模型模拟结果分析

3.2.2.1 模拟结果总体情况

水动力模型和溢油模型模拟结果表明（图 3.5），溢油事故造成崇明南岸 10 多千米的岸线遭受污染，受本次溢油事故影响最严重的区域主要为崇明岛最西

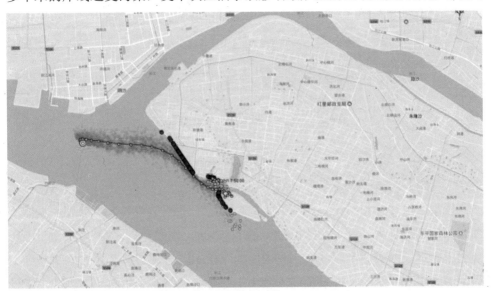

图 3.5 溢油事故模型模拟结果

南至东风西沙水源地之间的水域及岸线，这与之后现场踏勘观测到的溢油污染情况十分吻合。该模拟结果为确定后续研究开展，及事故处理最初的决策提供了快速而准确的依据。

3.2.2.2 模拟结果轨迹分析

模型的轨迹模拟结果显示：油膜在泄漏后受西南偏西风影响，随落潮向崇明崇西至东风西沙方向扩散漂移，形成 4 km 左右长度的油污带，约 5 h 后油污带到达崇西岸线，从崇西水闸西侧开始往东南方向逐步吸附上岸，约 5 h 40 min 后开始影响东风西沙湿地，约 12 h 后水面油膜全部被吸附上岸，最终形成约 10 km 岸线污染带。

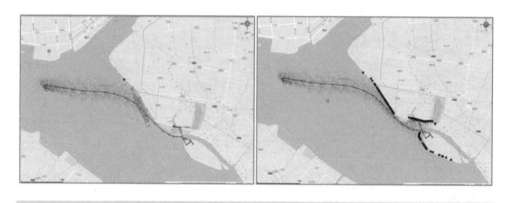

图 3.6 溢油事故模拟轨迹过程

3.2.2.3 模拟结果归宿分析

模型的风化模拟结果显示：溢油事故发生后，溢油在 2 h 内全部进入水体，油膜面积迅速扩大，4 h 后达到最大，约 5.78 km^2，油膜厚度降至 0.003 mm，5 h 后油膜由水表面吸附至岸线，水体表面油膜面积迅速减小，12 h 后约 90% 以上的油污吸附到岸线上，挥发掉的不到 10%，极少量溶解到水体中。因此，需尽快采取措施清理吸附在岸线上的油污，避免二次污染。

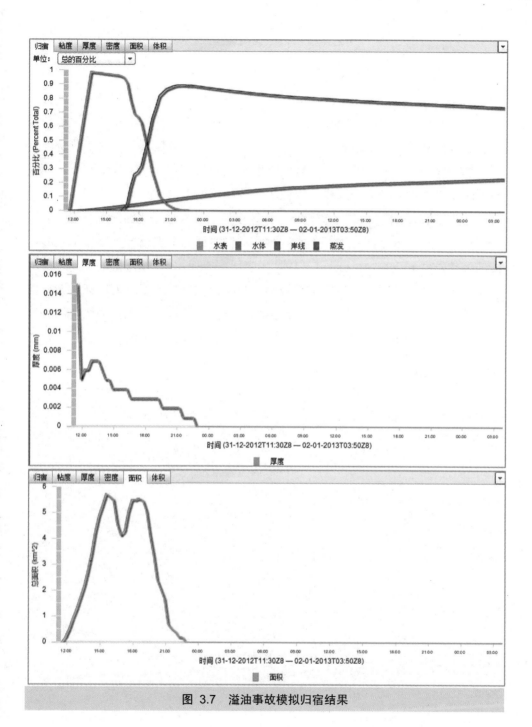

图 3.7　溢油事故模拟归宿结果

3.3　本章小结

（1）基于三维水动力控制方程，设置了长江口上边界、杭州湾上边界和 3
个外海开边界条件，利用长江口水域内代表性测点的流速、流向等实测资料开
展了模型率定与验证，利用 ECOMSED 源代码数值模式建立了长江口杭州湾大
范围海域三维流场，为溢油模型提供了准确的流场条件。

（2）使用 OILMAP 的轨迹和归宿计算模型，录入本地化的油品信息、岸线
条件、气象和流场数据，进行了本次突发溢油事件的模拟分析。模拟结果显示
溢油事故发生 12 h 后，约 90% 以上的油污吸附到崇西岸线，挥发掉的不到 10%，
极少量溶解到水体中。模型确定的溢油事故影响程度和范围与之后现场调查情
况及遥感解译结果基本一致。通过溢油模型模拟，确定了本研究区域范围和清
理区域，为后续研究开展及事故处理的决策提供了较为准确的依据。

第4章 溢油事故对滩涂沉积物和
水体的污染影响

溢油事故发生后，最先表现为对河口湿地滩涂沉积物和水体环境的污染影响，大量油污在潮汐和风浪作用下进入河口滩涂湿地，大部分吸附于滩涂沉积物中，同时这些溢油污染物又会在潮汐水流作用下再次释放进入水体。本章通过实地调查和检测分析，研究溢油事故发生后，受石油污染的河口滩涂湿地不同高程潮滩沉积物中污染物 TPH 与 PAHs 含量的空间分布特征和相关关系，跟踪分析水体中 PAHs 的组成分布动态，结合水槽模拟实验研究潮汐作用下滩涂沉积物中 TPH 向水体释放的规律，进一步掌握溢油事故对滩涂环境的污染影响特征。

4.1 滩涂沉积物中污染物组成分布特征

4.1.1 中低潮滩沉积物中污染物含量分布

研究区域滩涂湿地沉积物监测结果表明，低潮滩沉积物中 TPH 含量以 9 号点和 1 号点含量相对较低，10 号点和 6 号点含量较高，总体含量水平在 17.43～46.99 mg/kg，平均值为 29.75 mg/kg；中潮滩沉积物中 TPH 含量以 1 号点含量相对较低，10 号点和 7 号点较高，总体含量水平在 15.20～63.27 mg/kg，平均值为 45.24 mg/kg，TPH 含量分布如图 4.1 所示。从中低潮滩对比来看，除 1 号点外，其他各点位低潮滩沉积物中 TPH 含量普遍低于中潮滩，这与低潮滩水动力条件较强，污染物质受到较大冲刷有关；与对照点 TPH 含量相比，中低潮滩各点位表层沉积物中 TPH 含量水平相当，差异不显著（$P>0.05$）。中低潮滩沉积物中 TPH 含量总体上远低于《海洋沉积物质量标准》（GB 18668—2002）中规定的适用于滨海风景旅游区的石油类标准限值（1 000 mg/kg）。此外，中低潮滩各点位表层沉积物中均未检出 PAHs，表明此次溢油事故已基本不对研究区域内中低潮滩沉积物造成污染影响。

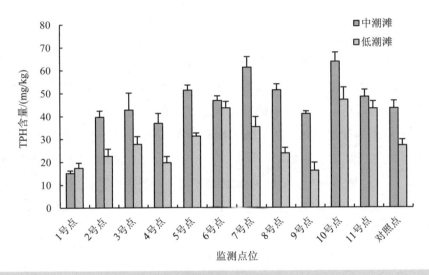

图 4.1　中低潮滩沉积物中 TPH 含量分布

4.1.2　高潮滩沉积物中污染物含量分布

图 4.2 所示为高潮滩表层沉积物中 TPH 和 PAHs 含量分布。其中，各点位 TPH 含量由高到低排序为：8 号＞7 号＞4 号＞5 号＞3 号＞1 号＞10 号＞9号＞11 号＞6 号＞2 号，TPH 总体含量水平在 1 070.00～46 327.20 mg/kg，平均值为 13 249.08 mg/kg。PAHs 总体含量水平在 0.60～30.90 mg/kg，平均值为 8.48 mg/kg，对照土壤 PAHs 污染程度分级标准（Maliszewska，1996）：清洁为小于 200 µg/kg，轻度污染为 200～600 µg/kg，中度污染为 600～1 000 µg/kg，重度污染为大于 1 000 µg/kg，基本属于重度污染。PAHs 含量分布规律同各点

位 TPH 基本一致。高潮滩对照点 TPH 含量为 59.60 mg/kg，表层沉积物中 PAHs 未检出。对比分析 TPH 和 PAHs 含量可见，各点位高潮滩含量显著高于相应点位中低潮滩和对照点（$P<0.01$），且 TPH 含量在部分点位远超出《海洋沉积物质量标准》（GB 18668—2002）中规定的适用于滨海风景旅游区的二类标准限值（1 000 mg/kg），大多数点位 PAHs 污染严重。总体上，TPH 和 PAHs 在高潮滩沉积物中含量分布呈现非均质不连续性，这部分与溢油事发的长江河口区域位置有关。事故发生后，重油在水体表面形成大面积油膜，受潮汐水动力和风向的协同影响，油类以不均匀的形态扩散进入河口湿地区域。此外，在事发后采取了用机械将污染滩涂沉积物推至高潮滩临时填放的应急处置措施，也在一定程度上影响了不同点位沉积物中污染物含量，但应急处置是在各丁坝间就近作业，因此并不改变受溢油事故影响的污染物空间分布格局总体特征。

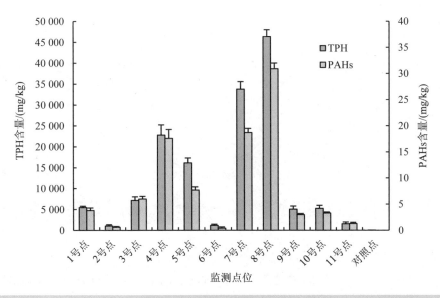

图 4.2　高潮滩沉积物中 TPH 和 PAHs 含量分布

4.1.3 沉积物中 TPH 和 PAHs 组成特征

（1）TPH 和 PAHs 相关分析

如图 4.3 所示，研究区域的高潮滩沉积物中 TPH 与 PAHs 的线性关系显著（$y=0.000\ 6x+0.026\ 7$，$R^2=0.970\ 3$），各点位 TPH 和 PAHs 含量高低一致，经 SPSS 分析可得，TPH 与 PAHs 含量呈现显著正相关（Pearson 相关系数 r 为 0.985，$P<0.01$），这表明研究区域的 TPH 和 PAHs 污染物质具有同源性。

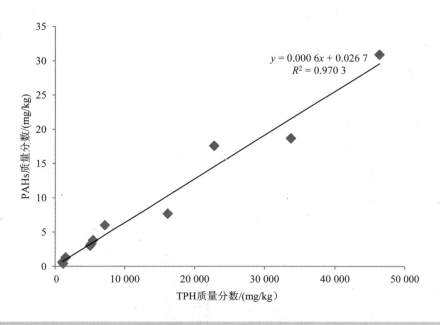

图 4.3　高潮滩沉积物中 TPH 与 PAHs 的线性关系

（2）基于污染物组成特征的源解析

环境中 TPH 和 PAHs 来源的解析方法包括化学质量平衡法、特征比值法、同位素法及多元统计分析法等（Yunker et al.，2002；Commendatore and Esteves，2004；Yang et al.，2009）。本研究的污染来源解析主要基于 TPH 和 PAHs 的组成特征来开展。

研究区域 TPH 和 PAHs 组成成分含量百分比如图 4.4 所示。按照 TPH 碳链长短的不同，分为 $C_6\sim C_{12}$、$C_{13}\sim C_{16}$ 和 $C_{17}\sim C_{36}$ 3 段。结果表明，所有点位检测到的 TPH 组分含量占比最高皆为 $C_{17}\sim C_{36}$ 段，位于 80.15%～94.40%，平均为 84.05%，$C_{13}\sim C_{16}$ 段次之，其占比平均为 14.26%，而 $C_6\sim C_{12}$ 段所占比重最小，平均仅为 1.69%。TPH 组成分布在各点位中均呈现出 $C_{17}\sim C_{36}$ 段组分含量占比相比较其他两段组分高。

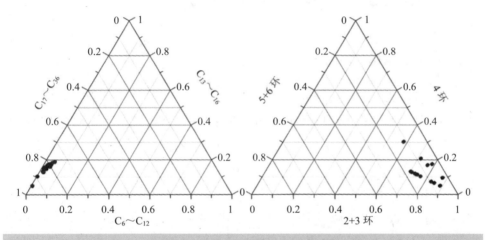

图 4.4 沉积物中不同 TPH 和 PAHs 组成所占比例

按照 PAHs 含苯环数的不同，将 16 种 PAHs 分为低环（2+3 环）、中环（4 环）和高环（5+6 环）。检测到的 PAHs 组分均以低环为主，占总量的 58.14%～87.70%，平均为 75.90%，其次为中环芳烃，占比平均值为 14.56%，而高环芳烃所占比重最小，平均为 9.53%。各点位中 PAHs 分布规律均呈现低环＞中环＞高环，且低环占比明显高于中环和高环，以萘、芴和菲等特征污染物为主。

王艳秋等（2007）研究了重油特征分子群，表明含碳数较高的饱和烃，以及芳烃类物质是重油的烃类化合物的主要成分。因此，检测结果显示此次事故污染沉积物中含碳数高的 TPH 占比较高，这与事故泄漏的重油分子特征相吻合。此外，相关研究表明，高环 PAHs 多源于燃烧过程，而低环 PAHs 主要源于石油类产品输入（Wang et al.，2007；Yunker et al.，1996；Mai et al.，2002）。南炳旭（2014）研究了天津港区外海域沉积物中的 PAHs 组成，结果表明其低环/高环 PAHs＞1，则认为天津港区外海域长期遭受石油污染，石油类产品输入是其主要来源。综上所述，结合本研究的相关结论和前人的研究成果，表明本次溢油事故是本研究区域滩涂沉积物中 TPH 和 PAHs 的最主要来源。

4.2　滩涂水体中污染物释放特征与动态

4.2.1　滩涂水体中 PAHs 含量组成动态

（1）多环芳烃含量特征分析

污染滩涂水体中 16 种 PAHs 的分析结果如表 4.1 所示，3 个点位∑PAHs 浓度范围为 ND～148.00 ng/L，平均浓度为 50.97 ng/L（ND 作为 0 计算）。3 个采样点位中，萘、苊、芴、菲、荧蒽、芘 6 种 PAHs 均有检出。各点位∑PAHs 总浓度范围为：7 号点 ND～123.00 ng/L、10 号点 ND～148.00 ng/L、12 号点 ND～142.00 ng/L。高浓度出现在 10 号点，低浓度出现在 7 号点。我国生活饮用水卫生标准（GB 5749—2006）规定 PAHs 总量应低于 2.0 μg/L，研究区域的∑PAHs 浓度远低于标准值。3 个位点的检出率分别为：7 号点 43%、10 号点 71%、12 号点 71%；各单体的检出率分别为：萘 14%、苊 14%、芴 19%、菲 52%、蒽 5%、荧蒽 36%、芘 33%，菲的检出率最高。

表 4.1　各点位水体中 PAHs 浓度范围

单位：ng/L

	7 号点	平均值±标准差	10 号点	平均值±标准差	12 号点	平均值±标准差
萘	ND～78.00	69.00±12.73	ND～82.00	77.00±7.07	ND～75.00	74.30±1.06
苊	ND～8.00	8.00±5.66	ND～21.00	9.5±7.68	ND～5.50	5.50±3.89
芴	ND～6.00	6.00±4.24	ND～11.00	7.50±2.65	ND～7.50	6.20±1.26

	7 号点	平均值±标准差	10 号点	平均值±标准差	12 号点	平均值±标准差
菲	ND～45.00	14.20±11.13	ND～60.00	23.00±7.69	ND～47.50	17.50±16.71
蒽	ND～9.00	9.00±6.36	ND	ND	ND～6.00	6.00±4.24
荧蒽	ND～12.00	9.30±2.31	ND～26.00	12.20±7.79	ND～29.00	10.70±8.98
芘	ND～10.00	8.00±2.83	ND～16.00	9.20±3.60	ND～14.00	6.80±3.86
∑PAHs	ND～123.00	33.30±46.63	ND～148.00	52.20±54.74	ND～142.00	45.20±51.27

不同时期水体中检出∑PAHs 浓度范围分别是：应急处置后 95.00～148.00 ng/L、处置 4 个月后 ND～51.00 ng/L、处置 8 个月后 ND～32.00 ng/L、处置 12 个月后 ND～86.00 ng/L。苊、芴、菲、荧蒽、芘在各个时期均有检出。各时期所有位点平均∑PAHs 浓度呈现应急处置后（393.50 ng/L）＞处置 12 个月后（84.67 ng/L）＞处置 4 个月后（80.67 ng/L）＞处置 8 个月后（27.75 ng/L）。

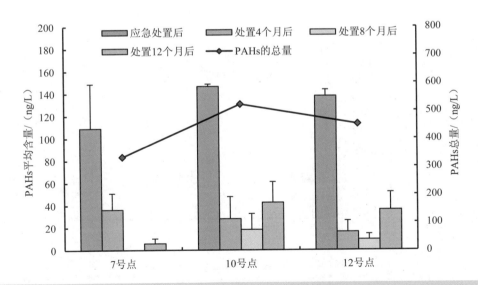

图 4.5　各点位水体中 PAHs 浓度变化

由图 4.5 可见，3 个点位 PAHs 的浓度变化基本一致，在应急处置 8 个月后，PAHs 的浓度持续下降，由于 1 年以后对污染滩涂进行二次修复和处置，在挖掘过程中的机械扰动，使得底层多环芳烃重新释放进入水体，导致在处置 12 个月后 PAHs 平均浓度大幅升高。其中 10 号点位 PAHs 浓度最高，7 号点位浓度最低。

选取检出率在 30% 以上的典型多环芳烃单体菲、荧蒽和芘进行分析（图 4.6），菲的检出率和浓度相对较高，且其浓度变化与各点∑PAHs 浓度变化一致，各时期荧蒽和芘检出浓度波动较大。菲是溢油污染中多环芳烃的特征单体（冯承莲等，2007；罗孝俊等，2008），其在环境中的迁移能力较强，多环芳烃菲极易从水体中迁移至沉积物、有机质及生物体内，或通过食物链进入人体，最终危害人群健康（吴玲玲等，2007；郭琳等，2013）。水体中菲与∑PAHs 的相关分析如图 4.7 所示，两者线性关系显著（$y = 2.859x - 10.97$，$R^2 = 0.913$），∑PAHs 浓度高时菲相应也高。

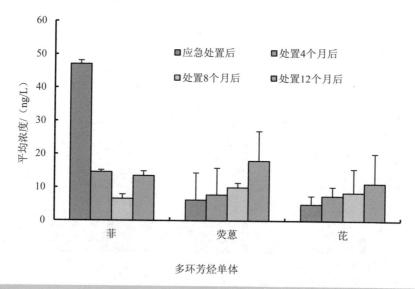

图 4.6　不同时期单体 PAHs 平均浓度

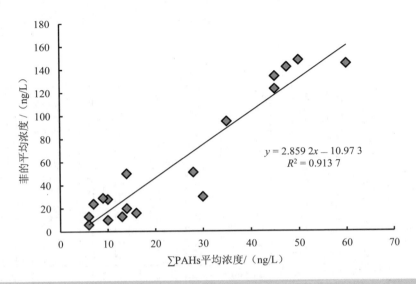

图 4.7　水体中∑PAHs 和菲浓度的关系

（2）多环芳烃组成特征分析

由于滩涂沉积物受到溢油污染，其释放到水体中的污染物呈现类似特征，主要是低中环多环芳烃。各时期 PAHs 的环数组成范围：应急处置后 2 环 52.6%～63.3%、3 环 36.7%～40.4%、4 环 0～9.9%；处置 4 个月后 3 环 59.6%～71.4%、4 环 28.6%～40.4%；处置 8 个月后 3 环 63.2%～72.6%、4 环 27.4%～36.8%；处置 12 个月后 3 环 29.6%～100%、4 环 0%～70.4%。

由于 PAHs 的水溶性低，辛醇-水分配系数高，水体中低分子量的 PAHs 占主导，应急处置后释放到水体中的 PAHs 以 2 环和 3 环为主，经过长时间的降解和释放，PAHs 组成变为以 3 环和 4 环为主。只在应急处置后检出萘，主要是由于萘具有分子量低、很强的挥发性且易降解等特性，因此在处置 4 个月后，萘的浓度很低，未检出。从图 4.8 可知，7 号点在处置 8 个月后未检出 PAHs，在浓度和检出率较高的 10 号点和 12 号点，处置后 4～8 个月，3 环所占比例越来越少，4 环越来越多，这是因为 3 环的 PAHs 相对易被生物降解。但是总体而言，应急处置后 PAHs 组成以 2 环为主，占水体∑PAHs 总量的 56.6%，3 环次之，占 38.2%，处置后 4 个月、8 个月和 12 个月以 3 环为主，平均比例分别为 65.5%、63.8%、61.2%，4 环的比例次之，分别为 34.5%、36.2%、38.8%。

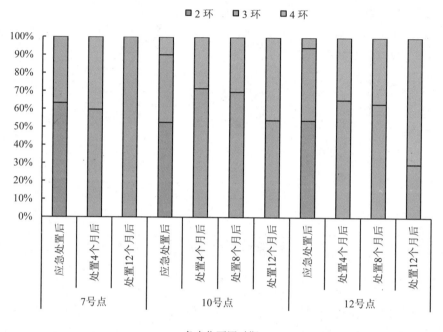

图 4.8　各位点不同时期 PAHs 的环数组成

4.2.2　潮汐作用下滩涂 TPH 向水体释放规律

（1）水温和沉积物埋深对 TPH 释放的影响

通过水槽实验进一步分析河口滩涂湿地石油污染物冲刷和释放规律。长江口滩涂沉积物中石油污染物在水流冲刷作用下的释放，主要物理机制包括：扩散、孔隙水流动、吸附、解吸和挥发等。分 4 段对总石油烃（$C_6 \sim C_9$、$C_{10} \sim C_{14}$、$C_{15} \sim C_{28}$ 和 $C_{29} \sim C_{36}$）进行测试分析，但由于低碳链石油烃较易通过挥发释放，难以准确定量沉积物向水体释放情况，因此主要分析 C_{10} 以上碳链石油烃的变化规律。

如图 4.9 所示，从不同水温条件来看，27.5℃时水槽沉积物中 TPH 释放率最高，经过 120 个物理模型天数后，各段 TPH 含量下降了 26.39%～30.61%，

总体下降 27.55%。水温 16℃时，各段 TPH 含量削减率变为 15.56%～19.89%，
总体削减 17.01%。水温 8℃时，考虑到泥油未充分混匀和测试等误差，可以认
为，船用 380#燃料油在水流动力作用下的释放基本停止。温度对于泥沙中石油
污染物释放的影响主要体现在它能改变石油污染物的黏度特性，石油污染物的
黏度随着温度的下降而增大。石油污染物的扩散及孔隙水流动都与其黏度有关。
石油污染物黏度越大，会降低扩散速率，阻滞孔隙水流动，从而减少上覆水与
泥沙中的孔隙水交换量，也就减少石油污染物向水体中的释放量（王静芳等，
1998）。

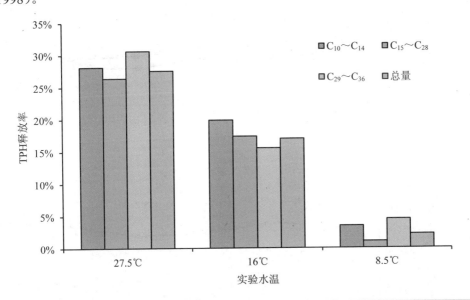

图 4.9 不同实验水温条件下 TPH 释放率

由各分段总石油烃变化图可知（图 4.10 至图 4.12），经过水槽循环试验，
在不同水温条件下，中底部沉积物的总石油烃的含量变化不大，说明随时间推
移，潮汐涨落变化，水流的冲刷对中底部泥样中总石油烃含量变化几无影响。
沉积物中石油污染物很大一部分随沉积物中孔隙水与上覆水交换过程，释放到
水体中。孔隙水的渗流使得上覆水与泥沙中的孔隙水频繁交换，一般发生在距
离水流底面一定深度的空间中,且随深度增加逐渐减弱（韩庚辰和王静芳,1998;

郭超等，2012）。因此，随着距离河流底面深度的增加，泥沙中石油污染物释放量逐渐减小。

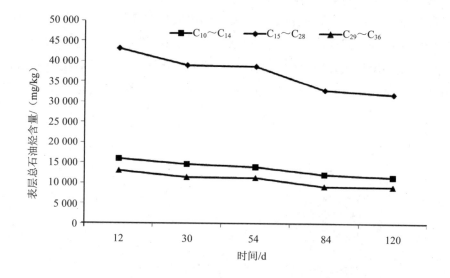

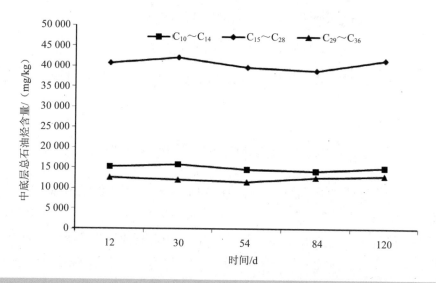

图 4.10　表层和中底层沉积物中各段 TPH 释放规律（27.5℃）

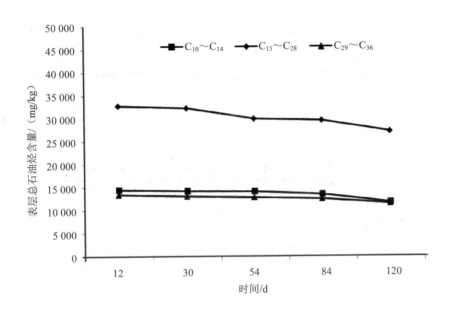

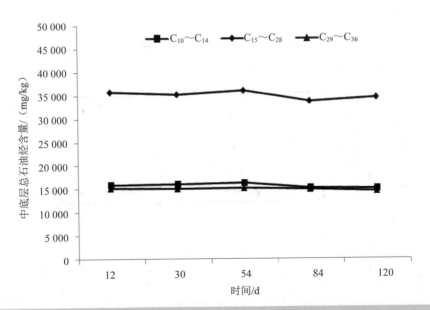

图 4.11　表层和中底层沉积物中各段 TPH 释放规律（16℃）

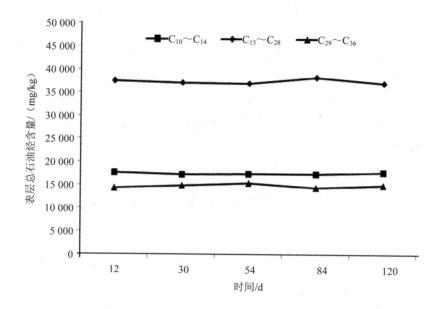

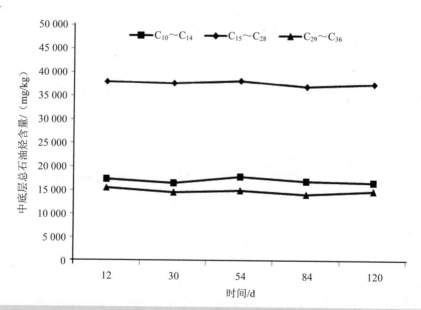

图 4.12　表层和中底层沉积物中各段 TPH 释放规律（8.5℃）

（2）表层沉积物 TPH 含量变化的曲线拟合

以往研究结果表明（王静芳等，1998；解岳等，2000；郭超等，2011），沉积物对石油乳化油的吸附规律也符合 Langmuir 和 Freundlich 等温式，而且吸附与解吸过程不可逆。沙粒径、沙浓度和油浓度等因素都会影响吸附量。

通过上述理论分析，假定水体中总石油烃浓度保持为零，沉积物中石油烃的释放与石油烃浓度成正比，沉积物中总石油烃浓度 c_{sed} 在潮汐作用下冲刷满足下列微分式：

$$\frac{\partial c_{sed}}{\partial t} = \beta c_{sed} \qquad (4\text{-}1)$$

解得：

$$c_{sed} = A\mathrm{e}^{\beta t} \quad （\beta 表示油释放率） \qquad (4\text{-}2)$$

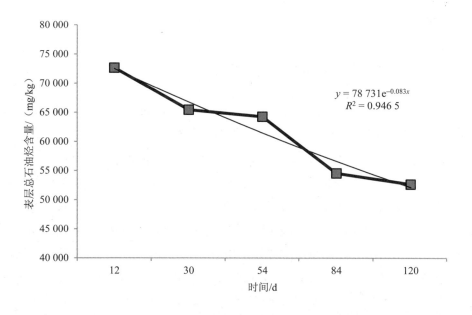

$$y = 78\,731\mathrm{e}^{-0.083x}$$
$$R^2 = 0.946\,5$$

图 4.13　表层沉积物 TPH 释放的指数曲线拟合（27.5℃）

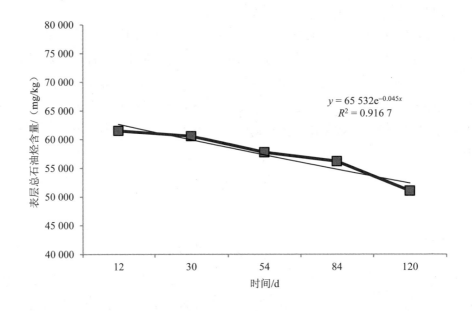

图 4.14　表层沉积物 TPH 释放的指数曲线拟合（16℃）

根据测量数据，采用指数函数曲线拟合表层沉积物中总石油烃浓度随时间变化可知，在 27.5℃水温时（图 4.13），表层沉积物中总石油烃含量的拟合曲线为 $c_{sed}=78\,731\mathrm{e}^{-0.083t}$，$\mathrm{C}_{10}$ 以上石油类烃的拟合曲线的指数系数基本在 −0.085～−0.079。在 16℃水温时（图 4.14），得到的试验结果和 27.5℃水温试验结果趋势相似，基本符合指数变化规律，表层沉积物中总石油烃含量的拟合曲线为 $c_{sed}=65\,532\mathrm{e}^{-0.045t}$，$\mathrm{C}_{10}$ 以上石油类烃的拟合曲线指数基本在 −0.049～−0.039。因此，C_{10} 以上石油类烃的释放规律基本相同，并与总石油烃释放规律基本一致，符合指数函数变化规律和相关研究结论类似（王静芳等，1998；韩庚辰和王静芳，1998；解岳等，2000；解岳等，2005；郭超等，2011）。

4.3　本章小结

（1）中低潮滩表层沉积物中 TPH 含量为 15.20～63.27 mg/kg，与对照点含量水平相当，远低于《海洋沉积物质量标准》（1 000 mg/kg），PAHs 均未检出；高潮滩表层沉积物中 TPH 含量为 1 070.00～46 327.20 mg/kg，显著高于对照点和相应中低潮滩沉积物中污染物含量，部分点位严重超出《海洋沉积物质量标准》，PAHs 质量含量为 0.60～30.90 mg/kg，多数点位属于重度污染。

（2）高潮滩沉积物中 TPH 和 PAHs 含量之间呈显著正相关关系（Pearson 相关系数 r 为 0.985，$P<0.01$），具有同源性；各点位 TPH 均以 C_{17}～C_{36} 含量最高，其占比为 80.15%～94.40%，PAHs 组成均以 2～3 环为主，占比为 58.14%～87.70%，低环 PAHs 主要以萘、芴和菲为主要污染物。TPH 和 PAHs 组分特征表明研究区域的滩涂沉积物受到事故重油污染影响。

（3）溢油污染滩涂周边水体中 7 种 PAHs 总浓度平均浓度为 50.97 ng/L，远低于我国《生活饮用水卫生标准》（GB 5749—2006）规定的 PAHs 总量（2.0 μg/L）。集中掩埋应急处置后，滩涂周边水体中 PAHs 的浓度持续下降，直至 12 个月后对掩埋污染沉积物二次修复时，水体中 PAHs 浓度受扰动影响大幅升高。菲是水体中多环芳烃的典型特征单体，与 $\sum$PAHs 呈显著正相关关系（$y=2.859x-10.97$，$R^2=0.913$）。随着时间推移，水体中 3 环所占比例逐渐减小，4 环逐渐增大。

（4）水槽模拟实验表明，在潮流冲刷作用下，滩涂沉积物中石油污染物内 C_{10} 以上石油烃释放规律基本相同。滩涂表层沉积物中的石油污染物能以一定的速率释放，而中底层沉积物中的石油污染物释放速率很小。温度对滩涂沉积物中石油污染物释放存在较大影响，温度越高，释放率越大。实验得到了不同温度段滩涂泥沙中的石油污染物释放速率。本实验中，当温度低于 8.5℃时，滩涂泥沙中石油污染物释放速率可忽略不计。

第 5 章　溢油事故对滩涂大型底栖动物的
胁迫作用

  溢油污染不仅表现为对河口滩涂湿地环境的污染影响，而且最终会通过生境破坏和多种途径的污染传递，损害各类滩涂生物，其中对区域性强、迁移能力弱的滩涂大型底栖动物的生态胁迫影响尤其深远。本章主要研究溢油事故不同阶段，河口滩涂大型底栖动物群落结构变化特征，并以区域内大型底栖动物典型物种——无齿螳臂相手蟹为对象，分析生物体内脏与肌肉组织中 TPH 含量分布与动态变化，及其与滩涂沉积物中 TPH 的相关性，评估其作为水产品食用的人体健康风险，进一步印证溢油事故环境污染与河口滩涂湿地生物损害之间的因果关系。

5.1　溢油事故对大型底栖动物群落结构的影响

5.1.1　大型底栖动物种类组成变化特征

（1）底栖生物类群组成变化

  2013 年潮间带调查共获取大型底栖动物 11 种，隶属于 4 门 7 纲。2015 年潮间带调查共获取大型底栖动物 12 种，隶属于 4 门 7 纲（表 5.1）。值得注意的是，2013 年样本采集中的背蚓虫、双翅目幼虫和叶甲幼虫，在此次样本采集中并未出现；本次样本采集到的板跳钩虾、东滩华蝶嬴蜚、长足虻幼虫和库蠓幼虫 4 种节肢动物，在 2013 年调查时并未采集到。

表 5.1　滩涂大型底栖动物名录

编号	类群		物种		事故应急处置后（2013 年）	二次处置一年后（2015 年）
	门	纲	中文名	拉丁名	检出	检出
1	纽形动物门 Nemertea	无刺纲 Anolpa	脑纽虫	*Cerebratulus* sp.	+	+
2	环节动物门 Annelida	多毛纲 Polychaeta	疣吻沙蚕	*Tylorrhynchus heterochaetus*	+++	++
3			圆锯齿吻沙蚕	*Dentinephtys glabra*	+	+
4			背蚓虫	*Notomastus latericeus*	++	
5		寡毛纲 Oligochaeta	环毛蚓	*Pheretima* sp.	+	+
6	软体动物门 Mollusa	腹足纲 Gastropoda	光滑狭口螺	*Stenothyra glabra*	+	+
7		双壳纲 Bivalvia	河蚬	*Corbicula fluminea*	+	+
8	节肢动物门 Arthropoda	软甲纲 Malacostraca	板跳钩虾	*Orchestia platensis*		+
9			东滩华蜾蠃蜚	*Sinocorophium dongtanense*		+
10			谭氏泥蟹	*Ilyoplax deschampsi*	+	+++
11			无齿螳臂相手蟹	*Chiromantes dehaani*	+	+
12		昆虫纲 Insecta	双翅目幼虫	*Larva of Diptera*	+	
13			长足虻幼虫	*Larva of Dolichopodidae*		++
14			库蠓幼虫	*Larva of Culicoides*		+++
15			叶甲幼虫	*Donacia* sp.	+	

注：+表示该物种占所采集到总物种个体数的 10%以下；++表示该物种占所采集到总物种个体数的 10%～20%；+++表示该物种占所采集到总物种个体数的 20%以上。

通过与历史资料的对比表明：该区域原本以软体动物和甲壳动物为优势类群（清洁类群），溢油事件发生后，2013 年调查则显示环节动物（多毛类、寡毛类）等耐污类群成为优势类群，2015 年调查结果表明甲壳动物恢复成为优势类群，而环节动物与软体动物相比仍占一定优势（图 5.1），与前人研究结果具有一致性。Chassé（1978）对"Amoco Cadiz"号溢油事件引起的近海生态环境影响进行了研究，结果发现腹足动物（属软体动物）和甲壳动物受溢油扰动较大，在溢油事故后大量死亡，而多毛纲动物（属环节动物）则对石油具有显著的耐受性。Conan（1982）等同样发现软体动物（如双壳类、玉黍螺、帽贝等）和甲壳动物（囊虾目）在"Amoco Cadiz"号溢油事件后死亡率升高的现象。

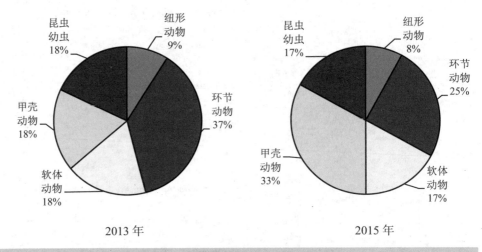

图 5.1　大型底栖动物类群组成变化

（2）优势种组成变化

2013 年的调查中，优势种为疣吻沙蚕，亚优势种为背蚓虫，两者均属环节动物门多毛纲。2015 年的调查中，优势种为谭氏泥蟹和库蠓幼虫，亚优势种为长足虻幼虫和疣吻沙蚕，前三者均属节肢动物门，疣吻沙蚕属环节动物门。与2013 年同期相比，原优势种疣吻沙蚕变为亚优势种；原优势种背蚓虫在本次调查中没有采集到样本；现优势种长足虻幼虫和库蠓幼虫，在 2013 年的调查中没有采集到样本；谭氏泥蟹由 2013 年的非优势种变为优势种。有研究表明，节肢动物对石油十分敏感（Dauvin，1998；Poggiale and Dauvin，2001），在溢油事故后原优势种桡足类、枝角目等生物（均属节肢动物门）降为非优势种（Próo et al.，1986）。基于上述研究发现，本研究中谭氏泥蟹、库蠓幼虫和长足虻幼虫在 2015 年（事故后 2 年）变为优势种（或亚优势种），可以认为是研究区域生态恢复的一种客观表现。

5.1.2　大型底栖动物数量及多样性变化特征

（1）栖息密度与生物量变化

2015 年调查中滩涂大型底栖动物的平均栖息密度和生物量分别为 53.44 ind./m^2 和 6.66 g/m^2，与历史数据（582.23 ind./m^2 和 171.08 g/m^2）相比差异较为显著，但对比 2013 年调查数据（平均栖息密度与生物量分别为 38.19 ind./m^2 和 5.15 g/m^2），密度和生物量都有所上升。与国内外相比，本研究区域大型底栖动物栖息密度和生物量相对偏低。蓬莱 19-3 平台溢油事故 3 年后，渤海海域平均丰度和生物量分别为 676.88 ind./m^2 和 30.77 g/m^2（周政权等，2016）；河北"精神"号溢油事故 1 年后，污染海域砂质潮间带平均栖息密度和生物量分别达 971 ind./m^2 和 206.7 g/m^2（Yu et al.，2013），岩质潮间带大型底栖生物的平均栖息密度也在该事故后呈减少趋势（Jung et al.，2017）；同样地，"IXTOCL" 1 号油井溢油事故后，污染海域平均生物量为 389 mg/m^3，栖息密度由事故前的 1 927 ind./m^3 降至 154 ind./m^3（Próo et al.，1986）。

从各样点底栖动物生物量变化情况来看（图 5.2），2013 年各样点底栖动物生物量介于 2.75～7.41 g/m^2，2015 年各样点底栖动物生物量介于 3.77～9.84 g/m^2，除 8 号点位外，其余各样点底栖动物生物量均有显著增加。从各样点底栖动物栖息密度变化情况来看（图 5.3），2013 年各样点底栖动物栖息密度介于 15.11～69.33 ind./m^3，2015 年各样点底栖动物栖息密度介于 37.33～80.67 ind./m^3，各样点底栖动物栖息密度均有显著增加。

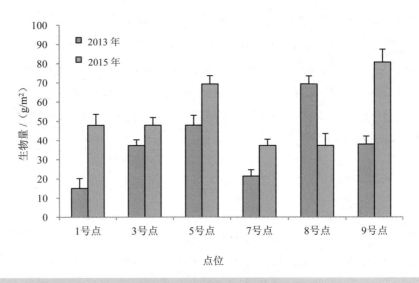

图 5.2　底栖动物生物量变化

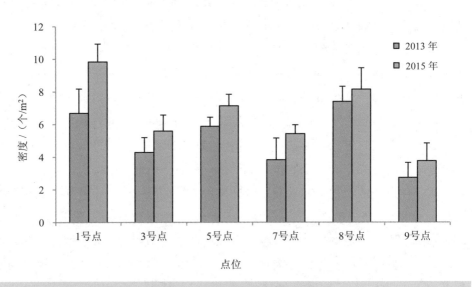

图 5.3　底栖动物栖息密度变化

（2）底栖生物多样性

Shannon-Wiener 生物多样性指数常被用于海洋生物群落物种生态学特征或

生态环境状况的调查中，能较好地评价有机污染污染程度（Keylock，2005；王晶等，2015；蔡立哲等，2002）。

其计算公式为：

$$H' = -\sum P_i \times \ln P_i \qquad (5\text{-}1)$$

式中：P_i —— 第 i 种物种的个体数与样品中物种总个数的比值。

2013 年，调查区内大型底栖动物的 Shannon-Wiener 多样性指数（H'）平均值为 0.84，7 号点 H' 最高，为 1.12（图 5.4）。除 7 号点外，其余各点 H' 均小于 1，根据蔡立哲等（2002）的评价标准（表 5.2），调查区各点底栖生物群落普遍受到重污染，处于较为脆弱的状态。2015 年，调查区内大型底栖生物的 Shannon-Wiener 多样性指数（H'）平均值为 0.86，相较于 2013 年有小幅提升。1 号点、5 号点和 8 号点 H' 值高于 2013 年水平。就 H' 平均值而言，两个调查阶段内调查区均处于重污染水平；就单个点位而言，2015 年，1 号、5 号和 8 号点 H' 值均介于 1 和 2 之间，中等污染点位数由 2013 年的 1 个增至 3 个。经检验，两组数据无显著差异（$P > 0.05$），表明溢油对该区域的底栖生态环境造成了较为持久的影响，底栖动物群落生物多样性仍需较长时间才能恢复至原有水平。

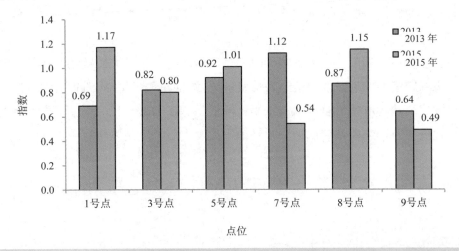

图 5.4　底栖动物 Shannon - Wiener 多样性指数变化

表 5.2　Shannon-Wiener 多样性指数分级标准

污染评价范围	严重污染	重污染	中等污染	轻度污染	清洁
H' 值	0	<1	1～2	2～3	>3

Kingston 等（1995）和 Moss 等（2016）研究结果表明，溢油事故后，H' 平均值与事故前处于同一水平，无显著差异；而 Gray 等（1990）发现，经多年持续微量溢油后，北海两石油钻井平台附近 H' 值普遍低于周边区域；周政权等（2016）的调查显示，蓬莱 19-3 平台溢油事故影响区域底栖生物丰度和 H' 值低于对照区域，但数据表明事故影响区内底栖生物群落在事故 3 年后已得到不同程度的恢复；此外，Boucher（1980）和 Conan 等（1982）的研究结果也与本研究一致。

本研究可从一定程度上反映出潮间带大型底栖动物对污染胁迫生境改变的响应。有研究表明潮间带底栖生态系统受人为工程破坏后（物理破坏），大型底栖动物群落在 270 天后恢复到原来水平。而该区域的大型底栖动物群落经过 2 年时间，尚未恢复到原有水平，由此反映出溢油污染对该区域的底栖生态环境造成了较为持久的影响。另一方面，底栖动物生物量、密度平均都要高于应急处置后，说明部分底栖环境已有好转，反映出了湿地生态系统具有一定的自我修复能力。

虽然大型机械应急处置处理会对大型底栖动物产生较大的扰动，但基于湿地生态系统遭遇物理破坏后的自我修复能力，溢油事故发生后，进行应急处置，对大型底栖动物群落恢复到原有水平，降低生态损害具有积极作用。本次调查结果也表明经过应急处置的断面较溢油事故发生后，底栖生境有明显好转。

5.2　潮间带大型底栖动物体内总石油烃含量动态

5.2.1　生物体肌肉与内脏组织中 TPH 变化特征

通过对研究区域内无齿螳臂相手蟹样品体内 TPH 含量进行调查，结果如图

5.5 所示。从不同组织器官来看，两次采样监测结果均表明内脏中 TPH 含量要高于肌肉，应急处置 1 年后肌肉中 TPH 含量在 14.39～39.63 mg/kg，而内脏中 TPH 含量在 79.24～155.41 mg/kg，内脏中 TPH 含量是肌肉的 3.9～6.0 倍；二次修复 1 年后肌肉中 TPH 含量在 7.71～20.60 mg/kg，而内脏中 TPH 含量在 13.90～48.35 mg/kg，内脏中 TPH 含量是肌肉的 1.8～2.7 倍。从时间上来看，无齿螳臂相手蟹体内肌肉与内脏中 TPH 含量在二次修复 1 年后与应急处置 1 年后相比，呈显著下降趋势（$P<0.05$），其中肌肉中 TPH 含量下降了 27%～48%，内脏中 TPH 含量下降了 64%～84%。虽然二次修复后，生物体内 TPH 含量有所降低，但仍明显高于未受污染区域无齿螳臂相手蟹体内 TPH 含量（内脏中 1.14 mg/kg 和肌肉中 0.29 mg/kg），这在一定程度上表明生态系统恢复及生物体内污染降解过程相对漫长。

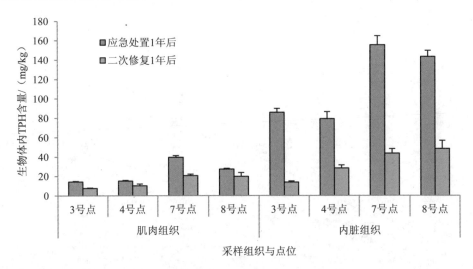

图 5.5　肌肉与内脏中的 TPH 浓度分布

图 5.6 所示为无齿螳臂相手蟹肌肉与内脏中 TPH 含量关系，应急处置 1 年后，在集中掩埋区及其上下潮滩区域内，肌肉与内脏中 TPH 含量线性关系为 $y=3.911\,6x+19.045$（$R^2=0.8939$），二者呈极显著正相关关系（pearson 相关系数 $r=0.923$，$P<0.01$）；二次修复 1 年后肌肉与内脏中 TPH 含量关系为

$y = 2.226\ 1x + 2.224\ 5$（$R^2 = 0.962\ 7$），二者呈极显著正相关关系（pearson 相关系数 $r = 0.981$，$P < 0.01$）。结果表明，二次修复移除了核心区内受污染影响较大的相手蟹个体，同时二次修复去除了滩涂沉积物中的 TPH，阻断了其在相手蟹体内的进一步累积过程。而内脏中 TPH 含量高，是因为 TPH 具有亲脂性，而内脏中富含脂肪，故内脏中 TPH 含量比肌肉中高，这与相关的研究结果一致。吴文婧等（2008）测定分析了 4 种鱼类不同组织器官中的苯并[a]芘含量，表明不同鱼类均是肝脏组织中苯并[a]芘含量相对最高。刘宪斌等（2009）对天津高沙岭潮间带的泥螺研究表明，与其他组织相比，泥螺肝脏组织对菲有较强的富集和累积能力。二次修复 1 年后内脏与肌肉中 TPH 含量的线性斜率较应急处置 1 年后变小，表明内脏中 TPH 占比在一定程度上有所下降，肝脏中部分 TPH 随着时间推移，经过一系列生化过程而转变成无毒或低毒物质，这与肝脏是生物体最重要的解毒器官有关。

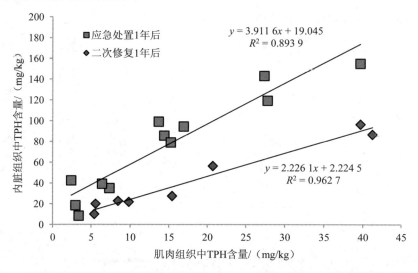

图 5.6　肌肉与内脏组织中的 TPH 浓度分布关系

5.2.2　生物体与沉积物中 TPH 含量相关性

研究中，将二次修复 1 年后各点位肌肉和内脏中 TPH 含量与应急处置后对应点位沉积物中 TPH 含量（详见 4.1）进行对比分析。由图 5.7 可以看出，肌肉和内脏中的 TPH 含量与沉积物中 TPH 含量呈现明显线性关系（$y=0.000\ 4x+1.774\ 4$，$R^2=0.870\ 5$；$y=0.001x+4.383\ 1$，$R^2=0.908\ 9$）。随着滩涂沉积物中 TPH 含量的升高，生物体内的 TPH 含量也相应增加，表明生物体内 TPH 的累积在相当程度上取决于滩涂沉积物中的 TPH 含量，而且这种污染累积作用影响相对深远，即便采取处置措施移除了污染物，也需一个漫长的自然过程才能完全恢复。

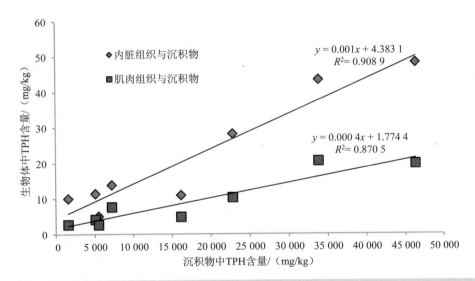

图 5.7 生物体内 TPH 浓度与沉积物中 TPH 浓度分布关系

生物体内的污染累积是一个综合的复杂过程，其影响成因既有非生物因素（栖息生境、季节性变化等），也有生物因素（生物种类、组织器官、个体大小和发育阶段等）（王子健等，2005；李天云等，2008；孙闰霞等，2012）。研究表明，溢油事故主要通过作用于生境来影响生物体内的污染物累积。Venturini 和 Tommasi（2004）使用 BIO-ENV 程序研究底栖动物群落与沉积物污染相关性，表明底栖动物种数、丰度和生物多样性的降低与沉积物中铅、多环芳烃浓度上升及盐度降低有关。渤海湾南部海域生物体内的重金属含量与影响因素的相关研究表明,海洋生物重金属富集作用受到栖息环境和生物生理特性影响(张晓举等,2014)。本研究中,肌肉和内脏中 TPH 含量均与污染区域滩涂沉积物中 TPH 含量呈现显著线性关系,这进一步佐证了大型底栖动物无齿螳臂相手蟹体内 TPH 的累积作用,受到溢油事故造成的沉积物污染的影响,而无齿螳臂相手蟹因摄食大量的滩涂湿地上植物、有机碎屑及营养盐类带入污染物质,是其体内 TPH 累积的重要途径之一(Venturini and Tommasi,2004)。

5.2.3　相手蟹水产品的人体健康风险

无齿螳臂相手蟹经常被当地居民用来食用,其体内的 TPH 约占 90%以上(Binelli and Provini,2004)通过食物摄入进入人体,因此,本研究中主要评估其经口摄入的健康风险。目前,国际上健康风险的表征采用致癌风险值和非致癌危害商来表示(Pinedo et al.,2013),由于 TPH 组成成分复杂,主要由烃类物质组成,且仅有少部分多环芳烃的某些组分具有致癌性,因此只表征其非致癌风险即暴露风险指数 ERI(Expose Risk Index)或是危害商 HQ(Hazard Quotient)(Pinedo et al.,2014;杨晓红等,2013)。通常认为 ERI≤1 时,受体所承受的非致癌风险在可接受水平内。计算公式如下:

$$\mathrm{ERI} = \frac{C_i \times \mathrm{CR}}{\mathrm{BW} \times \mathrm{RfD}} \qquad (5\text{-}2)$$

式中:C_i—— 生物体中 TPH 质量分数,mg/kg,考虑到当地居民对无齿螳臂相手蟹的食用方法(用酒泡后直接食用),将内脏和肌肉组织均视为食用部位,根据测量时各部位生物量将内脏组织和肌肉组织中 TPH 浓度换算成生物体中 TPH 浓度;

CR —— 人均日消费量,g/d;

BW —— 身体质量,kg,取值为 60 kg;

RfD —— 经口摄入参考剂量,mg/(kg·d)。

同时,$\mathrm{CR_{lim}}$ 为可接受暴露风险的日均最大消费量,通过如下公式进行计算:

$$\mathrm{CR_{lim}} = \frac{\mathrm{RfD} \times \mathrm{BW}}{C_i} \qquad (\text{US EPA},2000) \qquad (5\text{-}3)$$

在实地走访中了解到食用无齿螳臂相手蟹主要在春季和秋季，当地居民的日均消费量为 5～10 g/d，研究取平均值定为 7.5 g/d。经口摄入参考剂量 RfD 主要参考美国 EPA 的风险评估信息系统（Integrated Risk Information System，IRIS，USEPA，2014），参数取值为 4.3 mg/（kg·d）。

表 5.3 为污染区应急处置 1 年后和二次修复 1 年后无齿螳臂相手蟹体内 TPH 经口摄入的暴露风险指数计算结果。从表中可以看出应急处置 1 年后 3、4、7、8 点位的暴露风险指数分别为 2.08、1.93、3.84、3.49，ERI 均值为 2.84，以 7 点位和 8 点位较为严重，污染区可接受暴露风险的无齿螳臂相手蟹日均最大消费量范围为 1.95～3.88 g/d，均值仅略超当地居民最低日消费量的 1/2，污染区应急处置 1 年后人体健康风险仍很大，暴露风险指数处于不可接受水平；二次修复 1 年后（与上次取样间隔 1 年）污染区的 TPH 在无齿螳臂相手蟹体内的含量总体下降，3、4、7、8 点位的暴露风险指数分别为 0.37、0.72、1.13、1.24，ERI 均值为 0.87，可接受暴露风险的无齿螳臂相手蟹日均最大消费量范围为 6.05～20.38 g/d，已基本满足当地居民的日均消费量，3、4 点位处于暴露风险可接受范围，7、8 点位也基本接近暴露的可接受范围，总体暴露风险明显降低。

表 5.3　无齿螳臂相手蟹体内 TPH 经口摄入的暴露风险指数

点位		ERI 值	ERI 均值	CR_{lim}/（g/d）	CR_{lim} 均值/（g/d）
应急处置 1 年后	3	2.08	2.84	3.61	2.90
	4	1.93		3.88	
	7	3.84		1.95	
	8	3.49		2.15	
二次修复 1 年后	3	0.37	0.87	20.38	10.88
	4	0.72		10.44	
	7	1.13		6.63	
	8	1.24		6.05	

5.3　本章小结

（1）溢油事故发生后，研究区域底栖动物种数并未显著减少，但种类组成有所变化，该区域事发前以软体动物和甲壳动物为优势类群（清洁类群），溢油事故应急处置后（2013 年 3 月）的调查显示，环节动物（多毛类、寡毛类）等耐污类群成为优势类群，二次修复 1 年后（2015 年 3 月）的调查结果表明，甲壳动物恢复成为优势类群，而环节动物与软体动物相比仍占一定优势。二次修复 1 年后该区域大型底栖动物的平均栖息密度和生物量分别为 53.44 ind./m^2 和 6.66 g/m^2，对比应急处置后（38.19 ind./m^2 和 5.15 g/m^2）有所上升，但与该区域历史数据（582.23 ind./m^2 和 171.08 g/m^2）相比仍有较大差距。

（2）典型底栖动物无齿螳臂相手蟹体内不同组织器官 TPH 含量差异明显，内脏组织比肌肉组织更容易累积污染物。从时间尺度来看，二次修复 1 年后生物体内 TPH 含量与应急处置 1 年后相比，均呈显著下降趋势（$P<0.05$），其中内脏组织中 TPH 下降幅度更大（64.28%～83.81%），表明二次修复取得了一定效果。两次调查中，无齿螳臂相手蟹肌肉与内脏组织中 TPH 含量均呈极显著正相关关系（$r=0.981$，$P<0.01$；$r=0.923$，$P<0.01$），各点位肌肉和内脏组织中的 TPH 含量与应急处置后对应点位沉积物中 TPH 含量呈明显线性相关关系，表明生物体内 TPH 含量在相当程度上直接受到沉积物 TPH 污染的累积影响。应急处置 1 年后，食用相手蟹水产品的暴露风险指数处于不可接受水平，二次修复 1 年后，总体暴露风险明显降低，已可接受。

第 6 章　河口地区溢油事故的生态环境
损害及人体健康风险评估

在此次溢油事故中，一方面，河口滩涂湿地作为"受体"，其生态系统结构和功能受到损害，另一方面，作为"风险源"，受污染的河口滩涂湿地又对周边活动人群造成人体健康风险。本章分析了溢油事故对溢油影响区域内生态系统结构和功能损害的机理，通过构建和优化生态环境损害计量模型，采用机会成本法、影子工程法和替代成本法等生态价值核算方法，评估本次溢油事故造成直接和间接生态系统服务功能损失的货币量。同时，基于健康风险概念模型和合理化最大暴露场景（RME），评估了溢油毒性和暴露途径及水平，确定了基于风险可接受水平的溢油特征污染物健康风险控制值。

6.1　溢油污染事故生态环境损害评估

6.1.1　溢油事故生态系统服务功能损害评估

河口海岸带是人类活动最频繁的区域之一（陈吉余和陈沈良，2002），而且它作为复合生态系统所固有的功能属性可以在各个方面为人类提供一系列的服务（Wu et al.，2017）。溢油事故的发生将对河口海岸带这一脆弱的生态系统结构功能带来严重的影响（Carson et al.，2003）。

6.1.1.1　生态系统服务功能损害评估指标与方法

（1）产品供给服务

①水产品

主要指人类在海岸带生态系统中可以捕获收集可供食用的中华绒螯蟹、日本鳗鲡、蟹苗等海产品。每年该区域可以提供一定的食物资源，但是溢油事故发生后会使得海水中的油类浓度大大提高（张志强，2005），一般都会超过适用于海洋渔业和水产养殖的海水水质一类和二类标准（GB 3097—1997）。在溢油量非常大的情况下，海水中的油含量甚至会超过海洋生物的致死浓度。在溢油的影响范围内，相当一部分的水生生物由于无法移动或者没有足够时间回避而受到污染，从而失去食用价值甚至导致死亡（Ansari and Ingole，2002）。

溢油会导致该区域的海产品捕捞量及产品品质受到极大的损失，采用市场价值法，通过调查该区域年均捕捞量，参照相关海产品的平均价格从而估算溢油对食物供给服务造成的损失。其计算方法为：

$$D_f = \sum P_i \times M_i \times f \qquad (6\text{-}1)$$

式中：D_f —— 溢油事故对水产品供给能力造成的损失，元；

$\quad\quad P_i$ —— 第 i 种水产品的市场价格，元/kg；

$\quad\quad M_i$ —— 第 i 种水产品的年平均补货量，kg/a；

$\quad\quad f$ —— 该水域中受到严重污染而死亡或失去商品价值的水产品的比例。

实际计算时将公式化简为：

$$D_f = \bar{P} \times \sum M_i \qquad (6\text{-}2)$$

式中：$\bar{P}$ —— 该地区水产品的平均值，元/kg；其余同式（6-1）。

②原材料

原材料主要指溢油污染事故影响区域的芦苇，其主要作为造纸原料。事发后，油类物质对滩涂的污染会使得大部分的植被死亡或失去利用价值，此外，在对污染区域进行应急处置时为了去除吸附在植被和沉积物上的油污，所有的芦苇等植被被收割，根系也遭受破坏。受到污染以及由于清理措施而损失的原材料价值可用市场价值法估算，其计算方法为：

$$D_m = \sum P_i \times (A_i \times Y_i) \times P_i \qquad (6\text{-}3)$$

式中：D_m —— 受到污染或遭到人工处理的原材料损失总价值，元；

A_i —— 第 i 种原材料原始的生长面积，m^2；

Y_i —— 第 i 种原材料的单位面积生物量，g/m^2；

P_i —— 第 i 种原材料的市场价格，元/t。

③基因资源

溢油会大大损害海岸带生物基因，产生致畸、致死、致突变（王超，2013）。但是"三致"效应通常需要较长世代才能通过长期的基因遗传和表达体现出来，从而知晓其对基因资源造成的损害，由于短期内无法观察到，因此不予考虑。

（2）干扰调节服务

①气候调节

气候调节是指河口滩涂生态系统通过吸收 CO_2，释放 O_2 的过程起到调节气候的作用（陈宜瑜和吕宪国，2003）。溢油事故发生后，受影响的海岸带植被被大量收割，加之油膜的覆盖会阻碍植被的光合作用，进而对原本的气候调节功能产生影响。

通过植物光合作用的总化学方程式计算可得，生态系统每获得 1 g 干物质，将固定 1.63 g 的 CO_2，释放 1.20 g 的 O_2。利用溢油事故造成的海岸带受污染面积和受影响植物的生物量，运用市场价值法，参照固定 CO_2 和生产 O_2 的成本，估算溢油对气体调节服务造成的损失（王娟等，2010；宋文彬等，2014）。基于数据的可获取性，调节服务选取的代表性指标是干扰调节。采用影子工程法，利用人工固定或生产同等量的 CO_2 及 O_2 的成本进行估算，计算方法为：

$$V_c = (P_{O_2} + P_{CO_2}) \times A \times \text{NPP} \qquad (6\text{-}4)$$

式中：V_c —— 受损地区由于植被受损而失去的气候调节能力的价值，元；

P_{O_2} —— 工业制氧的成本，元/t；

P_{CO_2} —— 人工固定二氧化碳的成本，元/t；

A —— 受损植被面积，m^2；

NPP —— 受损植被平均净初级生产力，$kg/（m^2·a）$。

②废物处理功能

滩涂生态系统具有自然缓冲、同化和净化废弃物（污染物）的能力。作为废水进入河流、海洋的最后一道防线，湿地可以对废水中的重金属、有毒有害物质及营养元素等进行去除（严立和程天行，2008）。海岸带本身的环境容量可以为人类净化上游来水从而保证下游水源的水质（李传红等，2008）。溢油事故发生后，溢油不仅占用了海岸带的环境容量，而且可能削弱海岸带生物对其他污染物的生物降解能力（申洪臣等，2011）。溢油对废物处理服务造成的损失可采用影子工程法，通过估算污水处理厂处理上游来水所需要的成本进行评估。

$$E_d = P \times (A \times h) \tag{6-5}$$

式中：E_d —— 处理废水所需的总成本；

P —— 污水处理厂处理单位废水所需的成本；

A —— 受污染滩涂面积；

h —— 受污染滩涂平均水深。

（3）生态支持服务

①养分循环

养分循环即营养物质的获取、储存和循环，主要指河口生态系统通过垂直混合、水平输运和大气沉降等途径汇集氧、碳、氢、各种营养元素及各种微量元素，再在浮游动植物和微生物等生物的体内经过一系列生化反应转变为有机物或无机物，最后被更高级的消费者捕获从而进入食物链（Guo et al.，2016）。溢油事故造成滩涂植被干物质损失，也直接导致了该服务功能的消失。运用影子工程法，通过估计溢油造成的海岸带净初级生产力，以及受污染沉积物中营养元素的流失量，计算产生含有相同营养元素量的化肥价格。

生态系统的营养物质循环主要是在生物库、凋落物库和土壤库之间进行，其中生物与土壤之间的养分交换过程是最主要的过程，本研究只考虑土壤库和生物库。参与生态系统维持养分循环的物质种类很多，利用影子工程法主要考虑含量较大的 N、P、K。计算方法为：

$$V_p = (C_N \times P_N \times P_1 + C_P \times P_P \times P_2 + C_K \times P_K \times P_3) \times A \times \mathrm{NPP} \qquad (6\text{-}6)$$

式中：V_p —— 受损的植被中保有的营养物质价值，元；

  C_N、C_P、C_K —— 植物库中 N、P、K 元素所占的百分比，%；

  P_N、P_P、P_K —— 国产尿素、过磷酸钙，以及氯化钾化肥的平均价格，
         元/t；

  P_1、P_2、P_3 —— N、P、K 元素在对应的尿素、过磷酸钙，以及氯化钾
         化肥中的含量，%；

  A —— 受损植被面积，m^2；

  NPP —— 受损植被平均净生产力，kg/（$\mathrm{m}^2 \cdot$a）。

$$V_s = (C_{N2} \times P_N \times P_1 + C_{P2} \times P_P \times P_2 + C_{K2} \times P_K \times P_3) \times A \times d \times \rho \times \mathrm{NPP} \qquad (6\text{-}7)$$

式中：V_s —— 土壤中保有的营养物质总损失价值，元；

  C_{N2}、C_{P2}、C_{K2} —— 土壤库中 N、P、K 元素所占的百分比，%；

  A —— 受损植被面积，m^2；

  d —— 受污染土壤平均厚度，m；

  ρ —— 受损土壤平均容重；

  NPP —— 受损植被平均净初级生产力，kg/（$\mathrm{m}^2 \cdot$a）；

  其余同式（6-6）。

$$V_t = V_p + V_s \qquad (6\text{-}8)$$

式中：V_t —— 养分循环损失总价值；

  其余同式（6-6）、式（6-7）。

②生物多样性保护

  滩涂生态系统是一种较为特殊的复合生态系统，其中含有多种不同的生态系统类型（Duan et al.，2010；刘志伟，2014）。正因为其能够支持生物世代繁衍，该生态系统内有着极高的生物多样性（李志刚和谭乐和，2009；赵鸣

等，2009）。溢油事故破坏了当地生态系统和生物栖息地，影响生物多样性维持的功能。

受损区域内，西沙湿地是震旦鸦雀的重要栖息地，运用替代法进行估算。震旦鸦雀，是全球性濒危鸟类，被称为"鸟中熊猫"，被列入国家林业局发布的《国家保护的有益的或者有重要经济、科学研究价值的陆生野生动物名录》和国际鸟类红皮书。崇明西沙的鸟类中，曾列入《中澳候鸟保护协定》的就有 24 种，列入《中日候鸟保护协定》的有 67 种，列入国家二级保护动物的有普通鵟、游隼、红隼、鹗和小鸦鹃 5 种。计算方法为：

$$D_v = P_v \times A + D_s \times 50\% \tag{6-9}$$

式中：D_v —— 受损区域内生物多样性损失，元；

P_v —— 受损区域生物多样性保护价值，元/hm²；

A —— 受损区域核心生物多样性保护面积，hm²；

D_s —— 科研文化投资，元。

（4）文化娱乐服务

①休闲娱乐

河口滩涂生态系统由于其独特的风光景色，以及独特的地理特征成为人们旅游观光和娱乐休闲的场所，使人们得到美学体验和精神享受服务（徐冉等，2011）。

溢油事故发生后，海面上的浮油在潮汐和风浪等因素的协同作用下，漂向海岸并堆积于海滩，该地的自然景观也会由于堆积于海滩的浮油与泥沙混合而成的油沙混合层而大打折扣，从而该地区原本的旅游人数大幅度减少，使得休闲娱乐产业（包括住宿、餐饮、交通、娱乐、购物和导游等）的经营收入受到影响。溢油对海岸带休闲娱乐服务造成的损失可采用旅行费用法，通过调查旅游娱乐的净产值进行估算。

利用旅行费用法类比受影响地区的主要旅游景区——崇明西沙湿地公园进行评估。其中旅游价值主要有旅游的时间花费价值和费用支出两部分组成。计算方法为：

$$D_s = \text{Day} \times N \times P_t + S \times f + C + D_{s2} \qquad （6-10）$$

式中：D_s —— 休闲娱乐产业受损价值，元；

Day —— 年平均适宜旅游的天数，d；

N —— 该景区日平均客流量，人/d；

P_t —— 该景区门票价格，元；

S —— 游客平均日工资，元；

f —— 机会工资对实际工资的打折率，%；

C —— 游客平均每日其他花费，元；

D_{s2} —— 该地区景观的非使用价值，元。

②文化科研

海岸带提供影视剧创作、文学创作、教育、美学、音乐等场所和灵感的功能，以及为研究者和学生提供科学研究、野外实践等活动的场所、内容和对象，使人们对大自然的认识和了解更加深刻。溢油事故将导致短期内这一服务功能的消失。该项价值损失我们将通过利用 Costanza 等（1997）对全球湿地生态系统的文化科研功能的单位面积价值评估为基础进行评估。

根据 Costanza 等认为全球的湿地生态系统拥有的科研文化价值约为每公顷 861 美元，采用替代法进行估算。计算方法为：

$$D_s = P_s \times E \times A \qquad （6-11）$$

式中：D_s —— 该区域文化科研价值，元；

P_s —— 单位面积的科研文化价值，美元；

E —— 当前美元、人民币汇率；

A —— 受污染地区面积，hm^2。

最终，选取的生态系统服务功能损害评估指标与方法如表 6.1 所示。

表 6.1　生态系统服务损害评估指标体系

生态系统服务	指标	评估方法
供给服务	水产品	市场价值法
	原材料	市场价值法
	基因资源	市场价值法
干扰调节服务	气候调节	市场价值法、碳税法
	废物处理	影子工程法
支持服务	养分循环	影子工程法
	生物多样性保护	替代法
文化娱乐服务	休闲娱乐	旅行费用法
	文化科研	替代法

6.1.1.2　生态系统服务功能损害评估结果分析

（1）产品供给服务

①水产品

根据崇明县统计年鉴，受损区域所在绿华镇每年捕获 17 t 海产品，包括中华绒螯蟹、日本鳗鲡、蟹苗等，其平均单价为 4.82 元/kg，且水产品中近 50%因受到严重污染而死亡或失去商品价值。由此计算可得水产品损失约为 4.10 万元。

②原材料

受损的滩涂湿地东西长 8.50 km，平均宽度约为 80 m，合计受损面积约为 68 万 km^2。受损区域的主要植被为盐沼湿地芦苇群落，实测平均生物量为 1 008.98 g/m^2，得出受损的原材料总量为 68.67 t。采用市场价值法，取芦苇的市场价格为 350 元/t，评估溢油事故对生态系统原材料直接服务功能损失的货币量为 24.01 万元。

（2）干扰调节服务

①气候调节

滩涂植被及土壤系统为陆地生态系统中重要的碳汇，本研究根据每形成 1 t 干物质，可固定 1.63 t CO_2，来估算受损滩涂的固碳。取受损区域芦苇群落净初级生产力为 2.62 kg/（$m^2 \cdot a$），得出年损失的干物质总量为 1 784 t，损失的固碳量为 2 908 t。采用碳税法和影子工程法，排放 CO_2 的所需征收税款为 150 美元/t，工业制氧成本为 1 000 元/t，评估了溢油事故对河口生态系统干扰调节服务的损害货币量 514.27 万元。

②废物处理

以目前国家二级污水处理厂的处理成本 3 300 元/10^4 t 为基础，受污染滩涂湿地总面积为 68 万/m^2，平均水深以 0.50 m，该区域污水平均密度为 1.10 t/m^3 计算可得废物处理价值为 12.34 万元。

（3）生态支持服务

①养分循环

本研究土壤容重按 1.10 t/m^3 计算，土层深度按 0.60 m 计算。本研究区域内，净初级生产力为 2.62 kg/（$m^2 \cdot a$），其中植物库中 N、P、K 元素的分配比例分别为 5.60%、0.90% 和 7%，土壤库中 N、P、K 的含量分别为 800 mg/kg、700 mg/kg、20 g/kg。根据最新国产化肥平均价格，尿素为 1 825 元/t，过磷酸钙为 522 元/t，氯化钾为 1 948 元/t，即 N、P、K 元素每吨制造成本分别为 425.40 元、93.20 元及 1 002.30 元。计算得到植物中养分循环价值为 17.60 万元，土壤中该数目可达 917.80 万元，则受损区域养分循环总价值为 935.40 万元。

②生物多样性保护

根据《森林生态系统服务功能评估规范》推荐的生物多样性保护价值并综合该河口地区的生态敏感性与特殊性，故选取该区域单位面积生物多样性保护价值为 50 000 元/hm^2，生物多样性保护区域共 68 hm^2，此外由于对科研文化投资其中有很大一部分的工作会直接或间接地对生物多样性起到积极的影响，故将文化科研损失中 50%，即 32 万元也纳入其中，故得出生物多样性损害的价值为 372.44 万元。

（4）文化娱乐服务

①休闲娱乐

利用旅行费用法对受影响地区主要旅游景区崇明西沙湿地公园进行评估。其中旅游价值主要由旅游的时间花费价值和费用支出两部分组成（吴玲玲等，

2003）。旅游时间花费为游客旅行的时间可以获得的单位时间机会工资，本研究中假定游客平均日工资为 100 元，而游客机会工资成本一般为实际工资的 30%～50%，在该报告中我们认为其打折率为 40%进行计算。旅游费用支出主要包括景点门票价格和其他花费，类比邻近崇明西沙湿地公园的门票价格为 20 元，而其他花费我们假定取每人每天 50 元。估算当年该景区损失的平均日游客流量为 20 人，每年适宜旅游天数 200 天，最后加上问卷调查所统计得到的该地区景观非使用价值 18.43 万元，计算得出休闲娱乐总价值为 74.43 万元。

②文化科研

根据 Costanza 等（1997）认为全球的湿地生态系统拥有的科研文化价值约为每公顷 861 美元，采用替代法进行估算。根据当前美元汇率 6.88 元，同时取平均折现率为每年 10%，估算受污染地区的文化科研价值为 64.87 万元。

6.1.2　污染清理/环境修复费用评估

溢油事故发生后，石油的扩散会污染沿岸的滩涂，包括其中的沉积物及各类动植物，由于石油特殊的物理化学性质会使得受污染区域在短时间内甚至更长一段时间内受到极大影响。因此，在事故发生后对事发区域进行及时的应急处置可以有效地减少事故可能造成的损害（程壮等，2014）。此外，为了加速受影响区域生态系统的恢复，还需对其进行生态环境修复（马兴华等，2006）。

6.1.2.1　事故应急处置费用评估

在溢油事故发生后，崇明县政府及时组织开展了应急处置工作，清理受污染滩涂区域的油污。根据实际支出的费用统计，主要内容包括人工费用、物资费用、机械费用及清污费用。其中人工费用主要包括雇佣技术人员、管理人员、农民工等工作人员进行相关的现场工作及后勤管理工作的费用，总计 112.49 万元；物资费用主要包括应急处置过程中所需要的防护用具、救生用品及各种必备物品的采购，例如，下水裤、耐油手套、吸油手套、吸油拖栏等，总计 10.77 万元；机械费用主要指租借相关重型机械（推土机、拖拉机等）在滩涂上进行作业，以及租用车辆进行运输的费用，总计 318.55 万元；清污费用为事故发生后对受损区域的污染物进行集中掩埋、收集清理等的花费，总计 393.24 万元。

由此统计本次事故应急处置费用总计 835.05 万元。

6.1.2.2 后续二次修复费用评估

在应急处置后，为进一步移除滩涂污染物，辅助生态系统加速恢复减少损失，崇明县政府采取了后续二次修复措施，将受污染区域集中掩埋区沉积物外运，并辅以沉积物回填种青等技术手段。其中包括便道及围堰建设费用、沉积物挖掘及运输费用、回填种青费用 3 部分。其中为方便工程车辆及原材料、人员的进出，进行了现场的便道建设，同步进行施工围堰的建设，总计 451.80 万元；对现场受污染的沉积物进行挖掘、短驳及向外运输，总计 561.90 万元；此外回填种青工程中，对清洁土壤的采集、运输、回填及新芦苇的补种，总计 332.46 万元。故后续二次修复费用共计花费 1 346.16 万元。

6.1.3 溢油事故生态环境损害综合评估分析

6.1.3.1 溢油事故生态环境损害组成分析

溢油事故发生后的生态环境损害费用以污染清理/环境修复损失为主，占总损害价值的 52.14%。在生态系统功能服务损害中，以养分循环服务的损害最多，占总损害价值的 22.36%（表 6.2）。生态系统服务功能损害，尤其是支持服务、文化服务及调节服务，在大部分海岸生态系统中均占有重要的地位。例如，在广西近海生态系统中，间接服务价值同样可以达到生态系统服务总价值的一半以上（72.26%），而支持服务也高达 60.87%（赖俊翔等，2013）。相较于长江口，该区域提供产品服务的价值较低可能是由于长江口并不作为主要产品提供地的原因，故间接价值的损害会更高。而在某些以供给为主要功能的地区，则会出现相反的情况，例如，在太湖流域，由于其主要功能为提供水源、水产品及航运服务，所以在该系统提供产品服务所占比例则较高，主要以供给功能为主（贾军梅等，2015）。从单个指标来看，生态系统功能服务受损最为严重的是养分循环、干扰调节、生物多样性保护及休闲娱乐，分别占总损失价值的 22.36%、12.29%、8.90%、1.78%。这一高比例也与长江河口的生态敏感度、经济发展程度和其地方群众的生活习惯，以及生态系统结构特征有着密切的关系。例如，该地区的高物价、高人工成本可能会造成相关废物的处理处置需要更多的成本，而当地群众较高的收入和对娱乐休闲的庞大需求也使得该地区有着更大的休闲娱乐价值。然而并非所有系统中都有相似的情况。例如，在洪河沼泽系统中，养分循环的估算仅占间接服务价值的 13%，而长江河口的养分循环价值却可达到间接服务价值的 57%（宋文彬等，2014）。

表 6.2　生态系统服务功能及清污工程综合评估

		指　标	损失价值/万元	占比/%	
生态系统服务	提供产品	水产品	4.10	0.10	0.67
		原材料	24.01	0.57	
	调节服务	干扰调节	514.27	12.29	12.59
		废物处理	12.34	0.29	
	支持服务	养分循环	935.47	22.36	31.27
		生物多样性保护	372.44	8.90	
	文化服务	休闲娱乐	74.43	1.78	3.33
		文化科研	64.87	1.55	
清理恢复工程	污染清理/环境修复	事故应急处置	835.05	19.96	52.14
		后续二次修复	1 346.16	32.18	
		合计	4 183.14		

注：表格中右侧合计列分别为：47.86、52.14。

6.1.3.2　溢油污染造成的滩涂单位面积损失分析

　　近年来溢油事件的发生越来越频繁，而由于各事故的规模、体量不同，各事故发生后所造成的生态损失也有极大的差异。因此，为了方便后续能够更好地对不同溢油事故造成的生态损失进行横向定量比较，提出单位面积损失这一指标。在本研究中，受污染区域总面积为 68 hm^2，故折合单位面积损失为每公顷 61.52 万元，其中包括生态系统服务损失为每公顷 29.44 万元，以及清理恢复工程（即事故应急处置和后续二次修复费用）为每公顷 32.08 万元。由此可见，在溢油事件的损失中，单位面积恢复工程费用高于单位面积生态系统服务损失。然而在大连新港"7·16 溢油事件"中，受污染面积为 7 191 hm^2，其中生态环境服务损失 9 092.60 万元，恢复工程花费 15.92 亿元。计算可得该区域单位面积损失为每公顷 23.40 万元，生态环境服务损失为每公顷 1.26 万元，而单位面积恢复工程费用可达到 22.14 万元（张雯，2014）。

对比两事件可见，崇明溢油事件虽然体量、受污染面积较小，但是单位损失不论是生态服务损失还是恢复工程损失都远远高于大连溢油事故。首先，两事故发生时间不同，西沙溢油事件发生在 2012 年而大连溢油事件发生在 2010 年，其中货币存在一定的折现率，但对整体影响不明显；其次，崇明岛西沙湿地地处长江口，距青草沙水源地仅 46 km 且位于水源地上游，所以其生态敏感程度相对于大连新港更高；再次，崇明西沙定位为旅游与生态建设，大连新港为航运，两者定位不同，在事故发生后的可调用力量与原始生态环境的本底值也不同，相对于崇明西沙，大连新港原本生态环境由于已经受到大量人工改造与船舶干预，所以本底值较差，同时该地区道路等相关基础设施完善，对后续恢复工程的实施也起到了很好的铺垫作用；最后，崇明西沙处于长江三角洲上海境内，经济发达，人口密集，所以也会造成最终单位面积损失远高于大连溢油事故。

6.1.3.3 生态系统服务功能恢复分析

影响生态系统恢复过程的原因有其内部的生物因素，如该生态系统中的种群关系、各物种的代谢特性等；外部因素包括气候条件、人为干扰程度（闫海明等，2012）、污染地区周边地理情况（便于物种从未受污染地区扩张、迁移）、溢油总量及应急处置和恢复工程的进度等。

按生态系统自身修复供给服务恢复速率为 8%，文化服务为 9%，调节服务为 7%，支持服务恢复速率为 8% 来估算。根据模型模拟和统计学原理，溢油影响区域生态系统服务功能需要进行至少 10 年（Viedma et al.，1997；Xiao et al.，2011）的生态修复才会变得与受损前的状态基本一致。

受损后的生态修复工程可加速生态系统修复进程，假设生态修复措施实施后各服务功能平均每年可恢复原本功能比例分别为供给服务 15%，文化服务 18%，调节服务 16%，支持服务恢复速率 19%，大致需要 6 年才能基本达到生态修复要求，生态功能基本恢复到事故前水平。至于生态系统功能的完全修复可能需要生态系统在此后进行无限期的自身修复过程。

若考虑到在人工强化生态系统恢复情景下的恢复速率，在这6年间各功能服务损失分别在首年损失的基础上预计增长：提供产品增加2.85倍，为80.11万元；调节服务增加2.30倍，为1211.20万元；支持服务增加2.6倍，为3400.57万元；文化服务增加2.15倍，为299.503万元。由此估算生态系统服务长期损失4991.38万元，比当年损失2001.93万元，增长了249%。但是如果不施加人工干涉，任生态系统自然恢复至接近原始状态则需要等待近14年的时间。利用同样的方法估计可得，在该情境下生态系统服务的损失将会高达1.23亿元，同比人工强化情景下多损失7000多万元，而人工实施恢复工程仅需支出2181.21万元。由此可见，及时采取污染清理措施，并进行后续的环境修复工程对减少生态系统服务损失起着至关重要的作用。

6.2 溢油污染滩涂人体健康风险评估

6.2.1 暴露概念模型及其参数分析

6.2.1.1 HERA暴露概念模型

HERA暴露风险评估分析模型，是南京土壤所开发的多层次污染场地土壤与地下水风险评估系统场地概念模型。其分析方法、计算公式和默认参数均采用我国《污染场地健康风险评估导则》（HJ 25.3—2013）中推荐的方法和数值。该软件基于保护人体健康和地下水环境质量；计算在受污染场地上生活、工作和玩耍的成人和/或小孩的潜在暴露量，并反推原场与离场情景下土壤及地下水中污染物的筛选值/风控值/修复目标值、危害商/暴露途径/贡献率等。

与其他模型相比，HERA使用相当灵活和方便。它允许使用者根据计算对象输入具体的参数值，允许更改和添加一些关键的参数，如土地利用类型、关键受体、污染物质、暴露途径等。使用者可以建立自己的土地利用类型，确定特定的暴露途径和关键受体，添加和调整污染物质的特征参数，然后计算出相应的指导限值。

本研究基于溢油污染滩地当前用途下的暴露场景，通过分析敏感受体类型、污染物迁移途径、暴露时间和频率等，建立溢油污染土壤的源—途径—受体健康评估概念模型。由于总石油烃成分复杂，需要通过分析油污染土壤中脂肪烃和芳香烃的成分和比例，分别分析和计算其健康风险。

6.2.1.2　模型参数分析

（1）土地利用类型

土地利用类型决定了人体对污染物的暴露途径。目前，软件模型中默认的土地类型为敏感类土地类型和非敏感类土地类型。基于溢油滩涂用地类型较为独特，利用模型进行计算时，对模型规定的标准利用类型进行修改。

经实地考察，本次的溢油滩涂没有游乐功能，因此在考虑滩涂上活动的敏感受体和暴露途径时主要包括如下两方面：

① 捕鱼渔民。据了解，在低潮位区域，渔民每天插杆、拉网和捕鱼 1 次。渔民平均每天途经滩涂来回 2 次，可能通过无意中的直接摄入和直接接触受到暴露危害。

② 拾蟹人员。夏秋季有成人和儿童频繁在潮滩上捕捉螃蟹，可能通过无意中的直接摄入和直接接触受到暴露危害。

对于受污染的掩埋区域，尤其是高浓度受污染掩埋区，暴露受体将通过口腔摄入污染土壤、皮肤无意接触污染土壤以及吸入大气中的挥发性有机物蒸汽和土壤飘尘这 3 种暴露途径。

表 6.3　滩途受体类型及其暴露途径分析

污染源	暴露途径	暴露受体	
		捕鱼渔民	拾蟹人员
掩埋区受污染沉积土	口腔摄入	√	√
	皮肤接触	√	√
	挥发性有机物呼吸摄入和飘尘	√	√
掩埋区受污染沉积水	挥发性有机物呼吸摄入	√	√

基于污染源、迁移途径、受体类型和暴露途径分析，建立"污染源—污染

物迁移途径—暴露受体"的概念模型。概念模型如图 6.1 所示。

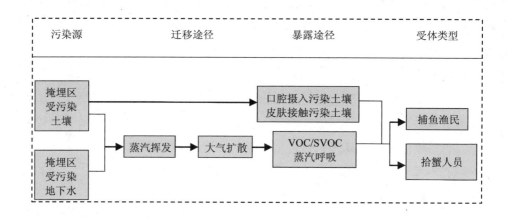

图 6.1　风险评估暴露概念模型

各类暴露途径计算公式：

①无意摄入污染土壤

$$\text{Intake}_{\text{oral-soil}} = \frac{C_{\text{soil}} \times \text{IR}_{\text{oral-soil}} \times \text{EF} \times \text{ED}}{\text{BW} \times \text{AT}} \times \text{CF} \tag{6-12}$$

式中：$\text{Intake}_{\text{oral-soil}}$ —— 口摄入暴露剂量，mg/（kg·d）；

　　　C_{soil} —— 土壤中关注污染物浓度，mg/kg；

　　　$\text{IR}_{\text{oral-soil}}$ —— 土壤摄食速率，mg/d；

　　　EF —— 暴露频率，一年暴露的天数，d/a；

　　　ED —— 暴露的总年数，a；

　　　BW —— 体重，kg；

　　　AT —— 暴露发生的平均时间，d；

　　　CF —— 单位转换因子，kg/mg，数值为 6～10。

②无意接触污染土壤

$$\text{Intake}_{\text{dermal-soil}} = \frac{C_{\text{soil}} \times \text{AF} \times \text{ABS}_d \times \text{ED} \times \text{EF} \times \text{SA}}{\text{BW} \times \text{AT}} \times \text{CF} \tag{6-13}$$

式中：Intake$_{dermal-soil}$ —— 皮肤接触吸收暴露剂量，mg/（kg·a）；

C_{soil} —— 土壤中关注污染物浓度，mg/kg；

AF —— 土壤对皮肤的吸附系数，mg/cm^2；

ABS$_d$ —— 皮肤吸收分率，unitless；

EF —— 暴露频率，一年暴露的天数，d/a；

SA —— 暴露皮肤表面积，cm^2/d；

ED —— 暴露的总年数，a；

BW —— 体重，kg；

AT —— 暴露发生的平均时间，d；

CF —— 单位转换因子，kg/mg，数值为 6～10。

③呼吸污染土壤扬尘或有机物蒸汽

$$\text{Intake}_{inh-soil} = \frac{C_{soil} \times EF \times ED \times \left(\dfrac{1}{VF} + \dfrac{1}{PEF} \right)}{AT} \qquad (6\text{-}14)$$

式中：Intake$_{inh-soil}$ —— 吸入吸收暴露剂量，mg/m^3；

C_{soil} —— 土壤中关注污染物浓度，mg/kg；

EF —— 暴露频率，一年暴露的天数，d/a；

ED —— 暴露期间，暴露的总年数，a；

AT —— 暴露发生的平均时间，d；

PEF —— 颗粒扩散因子，m^3/kg，PEF 默认值为 1.32×10^9；

VF —— 挥发因子，m^3/kg；

其他参数同前。

④摄入途径的危害商数计算

$$HQ_{oral} = \frac{\text{Intake}_{oral-soil}}{RfD_{oral}} \qquad (6\text{-}15)$$

式中：HQ$_{oral}$ —— 摄入暴露途径的非致癌危害；

Intake$_{oral-soil}$ —— 一生中平均每人每天每千克体重经由误食土壤吸收关注
污染物暴露途径的暴露剂量，mg/（kg·d）；

RfD_{oral} —— 某一非致癌物的口服吸收的参考剂量，mg/（kg·a）。

⑤吸入途径的危害商数计算

$$HQ_{inh} = \frac{Intake_{inh-soil}}{RfC_{inh}} \tag{6-16}$$

式中：HQ_{inh} —— 吸入暴露途径的非致癌危害；

　　　$Intake_{inh-soil}$ —— 一生中平均每人每天吸入土壤扬尘和蒸汽的暴露含量，mg/m³；

　　　RfC_{inh} —— 某一非致癌物的吸入吸收的参考含量，mg/m³。

⑥皮肤接触途径的危害商数计算

$$HQ_{dermal} = \frac{Intake_{dermal-soil}}{RfD_{dermal}} \tag{6-17}$$

式中：HQ_{dermal} —— 皮肤接触暴露途径的非致癌危害；

　　　$Intake_{dermal-soil}$ —— 一生中平均每人每天每千克体重经由皮肤接触土壤吸收关注污染物的暴露剂量，mg/（kg·d）；

　　　RfD_{dermal} —— 某一非致癌物的皮肤接触吸收参考剂量，mg/（kg·d）。

⑦总风险

各关注污染物经由各暴露途径的危害指数（HI）为：

$$HI = \sum HQ_{oral} + \sum HQ_{inh} + \sum HQ_{dermal} \tag{6-18}$$

式中：HI——危害指数，表示受体一生中暴露于各关注污染物中所致的非致癌危害。

（2）滩涂土壤理化性状

风险评估与土壤理化性质密切相关的一些特征参数包括：土壤酸碱度、土壤含水率、土粒密度、土壤容重、有机质含量、总孔隙度、空气孔隙度、水孔隙度、渗透系数、粒径分布等。

①土粒密度

土粒密度（Soil Particle Density）的大小与土壤中矿物质的组成和有机质的数量有关，土壤密度用符号 ρ_s 表示。绝大多数矿质土壤的 ρ_s 在 2.6～2.7 g/cm³，土壤中氧化铁和各种重矿物含量多时则 ρ_s 增高，有机质含量高时则 ρ_s 降低。经测定，滩涂沉积物土粒平均密度为 2.73 g/cm³。

②土壤容重

土壤容重（Soil Bulk Density）是指单位容积的原状土壤干土的质量，用符号 ρ_b 表示，土工上也称干幺重。土壤容重大，表明土壤比较紧实，结构性差，孔隙少。土壤容重小，表明土壤比较疏松，孔隙较多。土壤容重可以作为表示土壤松紧程度的一项尺度。经测定，滩涂沉积物容重为 1.68 g/cm³。

③土壤含水率

土壤中水分含量称为土壤含水率（Soil Moisture Content），是由土壤 3 相（固相骨架、水或水溶液、空气）中水分所占的相对比例表示的，重量含水率一般是指 100 g 烘干土中含有若干克水分。经测定，滩涂沉积物土壤平均含水率为 39%。

④土壤孔隙度

土壤孔隙度（Soil Porosity）即土壤孔隙占土壤总体积的百分比。

孔隙度反映土壤孔隙状况和松紧程度：一般粗砂土孔隙度为 33%～35%，大孔隙较多。黏质土孔隙度为 45%～60%，小孔隙多。壤土的孔隙度为 55%～65%，大、小孔隙比例基本相当。经测定，滩涂土壤孔隙度平均值为 55.7%。

⑤土壤有机质含量

土壤有机质含量（Organic Substances Content in Soil）一般以有机质占干土重的百分数表示。土壤有机质含量影响有机化合物在土壤颗粒中的吸附行为。经测定，滩涂沉积物土壤有机质含量平均值为 3.73%。

⑥渗透系数

渗透系数又称水力传导系数（Hydraulic Conductivity），是代表土壤环境渗透性强弱的定量指标。渗透系数越大，透水性越强。强透水的粗沙砾石层渗透系数＞10 m/d；弱透水的亚砂土渗透系数为 1～0.01 m/d；不透水的黏土渗透系数＜0.001 m/d。

滩涂沉积物土壤环境纵向渗透系数为 6.13×10^{-6} cm/s，横向渗透系数为 1.20×10^{-5} cm/s。

6.2.2　溢油污染滩涂健康风险分析

6.2.2.1　溢油滩涂总石油烃成分构成

国外溢油事故后续监测诊断证实：溢油环境介质残留污染物的主要污染物为脂肪烃、芳香烃和多环芳烃等。本次长江口滩涂油污染土壤样品检测表明：样品中脂肪烃、芳香烃和多环芳烃（包括萘、芴、菲、芘）均有检出，且总石油烃的土壤检出浓度非常高，见表6.4。

表6.4　滩涂油污染土壤关注污染物初筛

类别及编号		污染物名称	最高检出浓度/（mg/kg）	筛选标准/（mg/kg）		是否为关注污染物
				海洋沉积物一级标准值/（mg/kg）	展会用地A级标准值/（mg/kg）	
多环芳烃	1	萘	4.6	NA	54	否
	2	芴	3.5	NA	210	否
	3	菲	16.9	NA	2 300	否
	4	芘	1.5	NA	230	否
总石油烃	5	C_{10}~C_{36}	37 900	500	NA	是

6.2.2.2　溢油滩涂总石油烃分段及其毒性参数

为了提高石油烃健康风险评估的精确性，美国TPH评估小组（TPH Working Group）根据碳原子数目将脂肪族和芳香族各细分为7段（Human Health Risk-Based Evaluation of Petroleum Contaminated Sites-Implementation of the Working Group Approach）。目前，脂肪族碳段和芳香烃碳段均只有非致癌毒性因子可参考。

表 6.5　石油烃脂肪族碳段（TPH-Aliph）非致癌毒性因子

石油烃脂肪族碳段	RfD_{oral} mg/（kg·d）	参考来源	RfD_{dermal} mg/（kg·d）	参考来源	RfC_{inh} mg/m³	参考来源
TPH-Aliph＞C_5～C_6	0.06	TX08	0.06	D2	18	TX08
TPH-Aliph＞C_6～C_8	0.06	TX08	0.06	D2	18	TX08
TPH-Aliph＞C_8～C_{10}	0.1	TPH	0.1	D2	0.2	TX08
TPH-Aliph＞C_{10}～C_{12}	0.1	TPH	0.1	D2	0.2	TX08
TPH-Aliph＞C_{12}～C_{16}	0.1	TPH	0.1	D2	0.2	TX08
TPH-Aliph＞C_{16}～C_{21}	2	TPH	2	D2	—	—
TPH-Aliph＞C_{21}～C_{34}	1.6	TX08	1.6	D2	—	—

表 6.6　石油烃芳香族碳段（TPH-Arom）非致癌毒性因子

石油烃芳香族碳段	RfD_{oral}	参考来源	RfD_{dermal}	参考来源	RfC_{inh}	参考来源
	mg/（kg·d）		mg/（kg·d）		mg/m³	
TPH-Arom＞C_5～C_7	0.004	EPA-I	0.004	D2	0.03	EPA-I
TPH-Arom＞C_7～C_8	0.1	TX08	0.1	D2	1	TX08
TPH-Arom＞C_8～C_{10}	0.04	TPH	0.04	D2	0.2	TX08
TPH-Arom＞C_{10}～C_{12}	0.04	TPH	0.04	D2	0.2	TX08
TPH-Arom＞C_{12}～C_{16}	0.04	TPH	0.04	D2	0.2	TX08
TPH-Arom＞C_{16}～C_{21}	0.03	TPH	0.03	D2	—	—
TPH-Arom＞C_{21}～C_{35}	0.03	TPH	0.03	D2	—	—

6.2.2.3　溢油滩涂健康风险控制值

（1）两类暴露受体石油烃风险控制值

①保护捕鱼渔民健康的风险控制值

根据受体暴露风险分析模型、暴露参数取值、毒性参数取值和人体健康可接受风险水平分别计算出保护捕鱼渔民健康的 14 种石油烃脂肪族碳段和芳香族碳段的土壤风险控制值，结果如表 6.7 和表 6.8 所示。

表 6.7 保护捕鱼渔民健康的石油烃脂肪族碳段土壤风险控制值

单位：mg/kg

编号	石油烃脂肪族碳段	单一暴露途径风险控制值			脂肪族各碳段风险控制值
		口腔	皮肤	呼吸	
1	TPH-Aliph＞C_5～C_6	6 801.17	24 022.61	990 391.19	5 272.29
2	TPH-Aliph＞C_6～C_8	6 801.17	24 022.61	990 391.19	5 272.29
3	TPH-Aliph＞C_8～C_{10}	11 335.28	40 037.69	11 004.35	4 900.28
4	TPH-Aliph＞C_{10}～C_{12}	11 335.28	40 037.69	18 055.99	5 931.91
5	TPH-Aliph＞C_{12}～C_{16}	11 335.28	40 037.69	39 047.46	7 204.27
6	TPH-Aliph＞C_{16}～C_{21}	226 705.56	800 753.71	—	176 683.71
7	TPH-Aliph＞C_{21}～C_{34}	181 364.44	640 602.97		141 346.97

表 6.8 保护捕鱼渔民健康的石油烃芳香族碳段土壤风险控制值

单位：mg/kg

编号	石油烃芳香族碳段	单一暴露途径风险控制值			芳香族各碳段风险控制值
		口腔	皮肤	呼吸	
1	TPH-Arom＞C_5～C_7	453.41	1 601.51	1 650.65	291.06
2	TPH-Arom＞C_7～C_8	11 335.28	40 037.69	60 669.96	7 711.33
3	TPH-Arom＞C_8～C_{10}	4 534.11	16 015.07	22 791.39	3 059.34
4	TPH-Arom＞C_{10}～C_{12}	4 534.11	16 015.07	52 832.71	3 312.14
5	TPH-Arom＞C_{12}～C_{16}	4 534.11	16 015.07	115 740.12	3 428.98
6	TPH-Arom＞C_{16}～C_{21}	3 400.58	9 239.47	—	2 485.72
7	TPH-Arom＞C_{21}～C_{35}	3 400.58	9 239.47	—	2 485.72

②保护拾蟹人群健康的风险控制值

根据受体暴露风险分析模型、暴露参数取值、毒性参数取值和人体健康可接受风险水平分别计算出保护捕鱼渔民健康的 7 种脂肪族类和芳香族类石油烃馏分的土壤风险控制值，结果如表 6.9 和表 6.10 表示。

表 6.9　保护拾蟹人群健康的石油烃脂肪族碳段土壤风险控制值

单位：mg/kg

编号	石油烃脂肪族碳段	单一暴露途径风险控制值			芳香族各碳段风险控制值
		口腔	皮肤	呼吸	
1	TPH-Aliph$>C_5\sim C_6$	4 121.92	24 022.61	990 391.19	3 505.79
2	TPH-Aliph$>C_6\sim C_8$	4 121.92	24 022.61	990 391.19	3 505.79
3	TPH-Aliph$>C_8\sim C_{10}$	6 869.87	40 037.69	11 004.35	3 825.37
4	TPH-Aliph$>C_{10}\sim C_{12}$	6 869.87	40 037.69	18 055.99	4 426.29
5	TPH-Aliph$>C_{12}\sim C_{16}$	6 869.87	40 037.69	39 047.46	5 098.15
6	TPH-Aliph$>C_{16}\sim C_{21}$	137 397.31	800 753.71	—	117 274.73
7	TPH-Aliph$>C_{21}\sim C_{34}$	109 917.85	640 602.97	—	93 819.78

表 6.10　保护拾蟹人群健康的石油烃芳香族碳段土壤风险控制值

单位：mg/kg

编号	石油烃芳香族碳段	单一暴露途径风险控制值			芳香族各碳段风险控制值
		口腔	皮肤	呼吸	
1	TPH-Arom$>C_5\sim C_7$	274.79	1 601.51	1 650.65	205.37
2	TPH-Arom$>C_7\sim C_8$	6 869.87	40 037.69	60 669.96	5 346.95
3	TPH-Arom$>C_8\sim C_{10}$	2 747.95	16 015.07	22 791.39	2 126.64
4	TPH-Arom$>C_{10}\sim C_{12}$	2 747.95	16 015.07	52 832.71	2 245.79
5	TPH-Arom$>C_{12}\sim C_{16}$	2 747.95	16 015.07	115 740.12	2 298.91
6	TPH-Arom$>C_{16}\sim C_{21}$	2 060.96	9 239.47	—	1 685.08
7	TPH-Arom$>C_{21}\sim C_{35}$	2 060.96	9 239.47	—	1 685.08

（2）溢油滩涂污染土壤总石油烃风险控制值综合取值

根据前面章节针对脂肪族和芳香族两类石油烃馏分，以及捕鱼渔民和拾蟹人群两类暴露受体的污染土壤石油烃风险控制值计算结果，将不同石油烃馏分的风险控制值汇总于表 6.11。

表 6.11 溢油滩涂石油烃脂肪烃和芳香烃各碳段土壤风险控制值

单位：mg/kg

编号	石油烃脂肪烃和芳香烃各碳段	溢油滩涂暴露受体风险控制值	
		捕鱼渔民	拾蟹人员
1	TPH-Aliph＞C_5～C_6	5 272.29	3 505.79
2	TPH-Aliph＞C_6～C_8	5 272.29	3 505.79
3	TPH-Aliph＞C_8～C_{10}	4 900.28	3 825.37
4	TPH-Aliph＞C_{10}～C_{12}	5 931.91	4 426.29
5	TPH-Aliph＞C_{12}～C_{16}	7 204.27	5 098.15
6	TPH-Aliph＞C_{16}～C_{21}	176 683.71	117 274.73
7	TPH-Aliph＞C_{21}～C_{34}	141 346.97	93 819.78
8	TPH-Arom＞C_5～C_7	291.06	205.37
9	TPH-Arom＞C_7～C_8	7 711.33	5 346.95
10	TPH-Arom＞C_8～C_{10}	3 059.34	2 126.64
11	TPH-Arom＞C_{10}～C_{12}	3 312.14	2 245.79
12	TPH-Arom＞C_{12}～C_{16}	3 428.98	2 298.91
13	TPH-Arom＞C_{16}～C_{21}	2 485.72	1 685.08
14	TPH-Arom＞C_{21}～C_{35}	2 485.72	1 685.08

表 6.11 列出了 14 个石油烃馏分的风险控制值，可根据溢油滩涂场地的实际样品馏分比例计算总石油烃的风险控制值。本项目选择溢油滩涂 3 个典型污染区域的土壤样品测试不同碳段的含量，结果如表 6.12 所示。

表 6.12   溢油滩涂土壤样品石油烃碳段含量

编号	石油烃脂肪烃和芳香烃各碳段	含量/（mg/kg）		
		样品 1	样品 2	样品 3
1	TPH-Aliph>C_5~C_6	<0.5	<0.5	<0.5
2	TPH-Aliph>C_6~C_8	<0.5	<0.5	<0.5
3	TPH-Aliph>C_8~C_{10}	11.5	15.8	16.2
4	TPH-Aliph>C_{10}~C_{12}	215	455	241
5	TPH-Aliph>C_{12}~C_{16}	2 970	5 810	2 170
6	TPH-Aliph>C_{16}~C_{21}	5 550	9 280	3 010
7	TPH-Aliph>C_{21}~C_{34}	10 400	20 200	5 030
8	TPH-Arom>C_5~C_7	<0.5	<0.5	<0.5
9	TPH-Arom>C_7~C_8	<0.5	<0.5	<0.5
10	TPH-Arom>C_8~C_{10}	1.8	3.4	1.7
11	TPH-Arom>C_{10}~C_{12}	16	12	32
12	TPH-Arom>C_{12}~C_{16}	634	107	712
13	TPH-Arom>C_{16}~C_{21}	2 390	277	1 900
14	TPH-Arom>C_{21}~C_{35}	6 510	1 120	4 690

按照表 6.12 实际样品石油烃脂肪烃和芳香烃各碳段含量及比例，结合表 6.12 不同石油烃馏分的风险控制值，可计算总石油烃针对不同敏感受体的风控值，结果如表 6.13 所示。

表 6.13   溢油滩涂污染土壤总石油烃风险控制值

溢油滩涂污染土壤 2 类暴露受体总石油烃风险控制值（mg/kg）	
捕鱼渔民	拾蟹人员
5 520	4 013

6.3　本章小结

　　（1）本研究利用市场价值法、影子工程法、替代法等方法，对受污染区域的各项生态系统功能服务进行了全面评估后得出当年各部分损失为：产品供给服务损失 28.11 万元、调节服务损失 526.61 万元、生态支持服务损失 1 307.91 万元、文化娱乐服务损失 139.3 万元，合计该事故造成当年生态系统服务损失 2 001.93 万元。事故发生后的应急处置费用实际投入 842.2 万元、后续二次修复费用实际投入 1 346.16 万元，总计投入 2 188.36 万元。

　　（2）本次事件中当年生态系统服务损失与恢复工程花费各占当年总损失的47.78%、52.22%。其中生态系统服务中损失最严重的为支持服务功能，占总损失的 31.21%，由养分循环损失 22.32%和生物多样性保护 8.89%两部分组成；恢复工程投入中后续的二次修复费用略高于事故应急处置费用，分别占总损失的32.13%与20.10%。另外该事件的单位面积总损失高达每公顷 61.62 万元，包括生态系统服务价值每公顷 29.44 万元及恢复工程投入每公顷 32.18 万元。分别在人工强化恢复与自然恢复两种情境下对该事故累积影响进行评估得出，在实施恢复工程的状态下生态系统服务功能长期累积损失为 4 991.38 万元，而在任生态系统自然恢复的状态下该损失将会高达 1.23 亿元。

　　（3）本研究打破了传统的总石油烃较为笼统的评估方法，借鉴美国国家环保局总石油烃工作组（TPH Working Group）的评估方法——"基于人体健康的石油烃污染场地评估（Human Health Risk-Based Evaluation of Petroleum Contaminated Sites - Implementation of the Working Group Approach）"，将总石油烃细分为脂肪族和芳香族两类，根据每类碳原子数目再细分为 7 个碳段，并运用风险评估模型，分析计算出了每个碳段对应的非致癌健康风险控制值。

　　（4）结合滩涂现场实际溢油油品中脂肪烃和芳香烃各碳段组分的含量，精确推导出溢油滩涂污染土壤的健康风险控制值为 4 013 mg/kg，为后续的修复治理工作提供技术依据。上述评估方法切合受污染现场油品及实际土壤环境，更有针对性和实际意义。

第7章　长江口溢油事故生态环境损害评估制度建议

由于长江口生态环境的特殊性与脆弱性，以及河口地区大型溢油事故的多发性与高风险性，并考虑到溢油事故损害赔偿的复杂性，有必要专门针对此类区域建立溢油事故生态环境损害评估制度。本章结合长江口区域特点，充分借鉴相关生态环境损害评估经验，从法规政策、技术规范和评估程序等方面提出长江口溢油事故生态环境损害评估制度的设计建议。

7.1　长江口溢油事故生态环境损害评估的法规政策体系

7.1.1　生态环境损害评估的相关法律法规政策

现阶段我国执行的是"二元制"的环境污染损害法律制度体系（赵素芬，2015）。所谓"二元制"在我国是将民事法律与环境法律统一执行的法律体系制度，其中民事法律体系是以《民法通则》为核心建立的，而环境法是以新《环境保护法》为中心构建的法律法规。民法将环境污染损害行为视为法律体系中特殊的侵犯环境安全的行为，制定了污染环境行为的责任承担方式；《环境保护法》是从保护环境各个要素出发，规定了国家各级环保行政机关及监督办事部门对违法行为，以及对环境污染损害赔偿等重大事故纠纷的依法相关处置办法（张红振等，2014）。即使如此，当前我国的污染事故环境损害评估机制及法律法规还十分不完善，在实施条例上缺乏明确的环境责任机制及追究相关责任机制，现阶段大多数立法中原则性规定较多，而可操作性的规定较少，此外，很多条例不涉及生态环境本身受损害时的处置办法。在我国目前的法律体系中，没有专门制定应对溢油事故环境污染的特定应急预案办法和纠纷损害赔偿机制，现阶段主要参考《环境保护法》和《水污染防治法》等相关法律法规进行处置。但是在现有的这些法律中，并没有针对长江口或海洋等特定的区域制定具体的溢油事故应急反应机制和赔偿操作方法（齐霁和张红振，2012）。

美国 OPA 法案（《美国油污法》）的各项规定中，从责任主体、评估模式、保障制度等方面均有较好的完善与提高，对现阶段存在的民法法律体系制度中涉及事故环境污染损害等相关方面均有借鉴与修改（张红振等，2014）。同时，我国立法过程中也存在类似的尝试，《海洋环境保护法》第 90 条规定，行使海洋监督管理权的相关部门要代表国家对责任者提出相关事故污染环境损害赔偿要求（侯利勇，2015）。

在法规政策层面上，国家在原有基础上重点修订了生态环境损害的鉴定评估方法，针对 2011 年《环境污染损害数额计算推荐方法（第 I 版）》存在的问题与不足，2014 年推出了《环境损害鉴定评估推荐方法（第 II 版）》，推荐方法为不同类型的环境损害评估工作提供了相应的方法和理论依据。2015 年底，司法部和环境保护部联合下发了《关于规范环境损害司法鉴定管理工作的通知》。2016 年，环境保护部印发了《生态环境损害鉴定评估技术指南 总纲》和《生态环境损害鉴定评估技术指南 损害调查》。2017 年，中共中央办公厅、国务院办公厅印发了《生态环境损害赔偿制度改革方案》，从 2018 年 1 月 1 日起，在全国试行生态环境损害赔偿制度，标志着生态环境损害赔偿制度改革已从先行试点进入全国试行的阶段（图 7.1）。

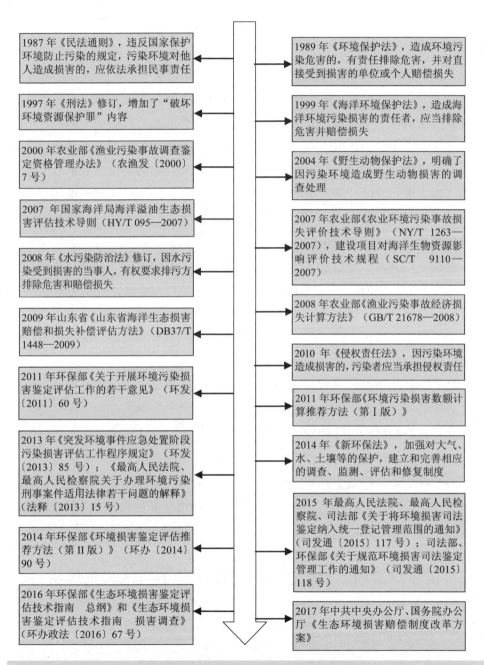

1987 年《民法通则》，违反国家保护环境防止污染的规定，污染环境对他人造成损害的，应依法承担民事责任

1989 年《环境保护法》，造成环境污染危害的，有责任排除危害，并对直接受到损害的单位或个人赔偿损失

1997 年《刑法》修订，增加了"破环境资源保护罪"内容

1999 年《海洋环境保护法》，造成海洋环境污染损害的责任者，应当排除危害并赔偿损失

2000 年农业部《渔业污染事故调查鉴定资格管理办法》（农渔发〔2000〕7 号）

2004 年《野生动物保护法》，明确了因污染环境造成野生动物损害的调查处理

2007 年国家海洋局海洋溢油生态损害评估技术导则（HY/T 095—2007）

2007 年农业部《农业环境污染事故损失评价技术导则》（NY/T 1263—2007），建设项目对海洋生物资源影响评价技术规程（SC/T 9110—2007）

2008 年《水污染防治法》修订，因水污染受到损害的当事人，有权要求排污方排除危害和赔偿损失

2008 年农业部《渔业污染事故经济损失计算方法》（GB/T 21678—2008）

2009 年山东省《山东省海洋生态损害赔偿和损失补偿评估方法》（DB37/T 1448—2009）

2010 年《侵权责任法》，因污染环境造成损害的，污染者应当承担侵权责任

2011 年环保部《关于开展环境污染损害鉴定评估工作的若干意见》（环发〔2011〕60 号）

2011 年环保部《环境污染损害数额计算推荐方法（第 I 版）》

2013 年《突发环境事件应急处置阶段污染损害评估工作程序规定》（环发〔2013〕85 号）；《最高人民法院、最高人民检察院关于办理环境污染刑事案件适用法律若干问题的解释》（法释〔2013〕15 号）

2014 年《新环保法》，加强对大气、水、土壤等的保护，建立和完善相应的调查、监测、评估和修复制度

2015 年最高人民法院、最高人民检察院、司法部《关于将环境损害司法鉴定纳入统一登记管理范围的通知》（司发通〔2015〕117 号）；司法部、环保部《关于规范环境损害司法鉴定管理工作的通知》（司发通〔2015〕118 号）

2014 年环保部《环境损害鉴定评估推荐方法（第 II 版）》（环办〔2014〕90 号）

2016 年环保部《生态环境损害鉴定评估技术指南 总纲》和《生态环境损害鉴定评估技术指南 损害调查》（环办政法〔2016〕67 号）

2017 年中共中央办公厅、国务院办公厅《生态环境损害赔偿制度改革方案》

图 7.1 生态环境损害评估相关法律法规政策进展

7.1.2 长江口地区相关法规政策制定的思考

上海濒临我国东海，长江口溢油污染事件时有发生，建议借鉴并率先建立起类似于美国 OPA 法案的试点。但目前还没有针对长江口或海岸带溢油事故环境污染责任的系统管理处理办法，在现阶段的实施过程中仍需加强对于实体法的规定，并且溢油事故环境污染损害赔偿处置等相关机制还不健全，仍然存在缺少明确的工作机制，技术方法可操作性不强，损害赔偿资金来源不足等问题（周生贤，2009；张红振等，2013）。2016 年新修订的《上海市环境保护条例》，为长江口溢油事故环境污染损害评估制度提供了法律保证，明确了违反环保法的责任人应承担刑事责任和环境责任，并需要支付一定的损害赔偿。

建议从以下几个方面落实长江口溢油事故生态损害评估的强制性政策。

第一，应对突发性长江口溢油事故环境污染事件时，环境保护主管部门应对环境污染事件进行评级；对于初步认定为重大、较大或特大突发环境事件的，应强制性进行环境污染损害评估工作，污染等级的划分应具有明文规定和依据划分，如污染物种类、污染范围大小、污染程度等。

第二，长江口溢油事故环境污染损害评估费用保障方面，应鼓励建立政府财政资金的专款专项，来保障长江口溢油事故环境污染损害评估工作的正常实施。尤其针对长江口流域内发生的环境公益损害时，政府应结合生态环境的特殊性，制定多样性的环境管理机制，构建不同类型的受损生态环境恢复专项资金保障机制，逐步形成生态环境恢复独立基金保障（张红振等，2013；马侠，2014）。另外，可以借鉴国外环境责任保险的成熟经验，依靠政府的强制性政策，针对长江口生态敏感区域采取强制保险和自愿保险相结合的方式。

7.2 长江口溢油事故生态环境损害评估的技术规范体系

7.2.1 生态环境损害评估技术规范

国内环境污染损害评估的技术规范和导则目前还处于起步阶段，特别是鲜有针对特定环境污染的导则和技术规范。因此，亟须解决长江口滩涂区域内溢油风险发生的环境损害评估问题，并全面统计典型环境污染案件及其后续修复处置方案，在实地调查、走访研究的基础上，考虑和设计技术规范的制（修）订计划。

7.2.1.1　建立有区域特色的生态损害评估技术规范

就上海而言，制定长江口溢油事故环境污染损害评估的相关技术规范及标准，是系统性、长期性的研究工作。需先考虑长江口溢油事故环境损害评估工作实施标准的完整性，剔除现在各个级别环境保护职能部门纷纷出台技术规范标准的缺点，根据长江口潜在突发溢油环境事件的类型，尝试建立具有区域特色的系统、完整的标准体系，为长江口突发环境事件污染损害评估工作的顺利进行提供理论依据。一般考虑以下原则：①因地制宜，结合当地的生态环境需求，制定科学性、可行性的环境污染损害评估技术规范。②要充分借鉴有相似地理区位生态环境特色的地区，总结他们已制定的相关导则、技术方案、规范标准、赔偿处理办法等。③需要当地更多的环境司法、环境监察、环境管理等部门的参与，完善取证过程的公开性与透明性。④当地相关环保部门适当增加原则性规定，补充细节性规定，完善实体操作性规定，用以保证技术规范的普遍适用性（张红振，2016）。

7.2.1.2　充分借鉴国内外生态损害评估技术规范

国内溢油事故环境损害评估的技术规范目前还处于起步阶段，应基于国际和国内现有的溢油事故环境污染应急、污染修复和环境恢复等相关管理制度、运作机制和环境污染事件的特征，取长补短，提出切实可行的长江口区域环境污染损害标准导则（张红振等，2014）。借鉴国内外以往的经验和典型海湾带溢油事故损害评估方案及修复实践方案，抓住当地主要的环境损害风险及问题，再依据当地曾发生过的典型实际案例，切实考虑修订符合需求的技术规范与体系。

长江口区域在构建技术规范体系中需要总体考虑如下内容：①总结过去国内外曾出现的溢油事故，了解其发生过程中各部门行使自身职能的规范性，在应对长江口溢油事故环境污染损害评估操作时是否建立完整的处置办法，以此为基础，建立有环境区域特色的溢油事故环境污染损害评估管理制度；②基于现阶段国内外沿海地区曾发生的溢油事故案例，学习溢油事故环境污染应急、后续溢油水体、滩涂的环境修复的全过程，并修订现存的国内相关的溢油事故环境污染损害的管理制度及运作机制；③充分借鉴国内现有的油污环境修复和生态恢复从业技术规范，提出切实可行的处置溢油事故的技术规范和标准；④充分吸收国内外有关沿海或海湾区域溢油事故应急、处置和恢复的相关环境研究成果，开展具有开放性、前瞻性的技术方法试点。

7.2.2　生态环境损害评估技术导则

从国家层面来看，2013年出台《突发环境事件应急处置阶段污染损害评估工作程序规定》，为突发环境事件应急处置阶段污染损害评估工作的进行提供了依据（图7.2）。从地方层面来看，仅有山东省于2009年颁布《山东省海洋生态损害赔偿和损失补偿评估方法》和《山东省海洋生态损害赔偿费和损失补偿费管理暂行办法》（赵谱，2006）。技术导则不完善阻碍着环境损害评估在国内和地方的发展，建议从以下几方面建立完善对应的技术导则。

第一，充分借鉴国内海湾带、沿海或河口地区现有实行的健康、财产估价、污染清理、环境（场地）修复和生态恢复等技术导则和国家标准，结合上海市长江口溢油事故环境污染损害评估案例分析，参考《海洋溢油生态损害评估技术导则》，编制上海市实际需要的技术导则，对长江口溢油事故环境污染损害评估工作起到指导作用（张红振等，2014）。

第二，以《环境影响评价技术导则》为蓝本，编制《上海市长江口溢油事故环境损害鉴定评估技术导则》，明确规定突发性长江口溢油事故环境损害评估工作的几个阶段、环境损害评估报告大纲的编制、采用的评估标准、评估项目。

第三，充分吸收现有的相关环境技术导则、基准和风险评估相关研究成果，尝试设计具有开放性、前瞻性的技术导则和技术方法（张红振等，2014）。针对部门标准不统一、评估结果差异大等问题，应建立适应长江口溢油事故环境损害评估的技术导则，包括各部门共同制定的通用技术方法总则和常见典型污染的技术标准和规范。长江口溢油事故环境损害评估的主管部门需联合农业、海洋、卫生等部门制定技术方法总则，规范评估原则、各程序基本工作流程、损害调查和因果关系判定方法、举证原则、损失量化计算方法和赔偿标准、评估报告等各个报告表格的基本内容和格式等内容，可以建立健全长江口溢油事故环境污染损害的各项评价指标体系和不同等级的判定标准，进一步积累评估知识和评估案例，确定溢油事故环境损害修复等级和修复技术导则。

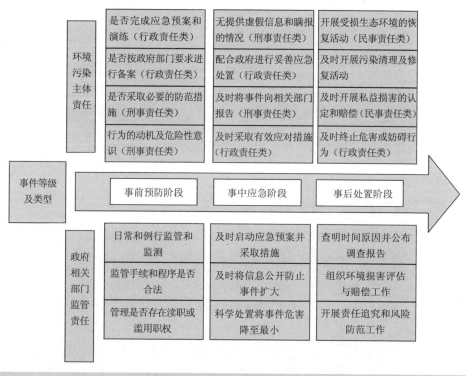

图 7.2　突发环境事件全过程相关责任方

7.3　长江口溢油事故生态环境损害评估的工作流程体系

就政府层面来说，其主要责任为推进长江口溢油事故环境损害评估制度各方面实体工作的顺利开展，规范长江口溢油事故环境污染损害评估实体程序。规范化的评估程序可以保证未来长江口溢油事故环境污染损害事件得到及时处理。现阶段欧美等发达国家对溢油事故环境污染损害的评估与赔偿修复处理办法已形成了一套比较成熟的体系，但目前在中国要发展一套像美国那样完备的评估程序仍需要努力，但是可以针对长江口溢油损害评估的启动主体、启动条件进行规定，完善评估的技术标准和指南体系，规范收费及评估期限。

7.3.1　长江口溢油生态环境损害评估的工作流程

首先，工作流程不仅要在应急处置阶段加以规定，应急处置结束后，如果需要进行中长期的评估，更需要统一的工作流程。其次，应该建立简易的评估流程以及包括预评估、评估计划、评估和后评估的完整评估流程来应对不同类型、不同程度的环境损害。最后，要重视后评估阶段的环境或生态治理与恢复方案，在治理或修复工作结束后仍要不定时进行修复效果的反馈。

7.3.2　长江口溢油生态环境损害评估程序的启动主体

启动主体应该包括法院依职权指定、行政机关委托和公众或环境保护社会团体委托3种方式。不同的启动方式针对不同的具体情况：法院依职权指定鉴定评估机构，是在诉讼程序中对于专门性的问题，认为有必要的可以指定鉴定评估机构；行政机关对长江口突发性的溢油环境污染事故或重大环境污损害事件所造成的环境损害委托评估，行政机关也可以对行政文书进行公证，以增强评估结论的公信力；在对行政机关的评估结论不服或者为了保护公共环境利益，公众或环境保护的社会团体也应该有自主委托评估的权利，为了避免单方委托造成对结论的真实性和客观性的怀疑，可以在委托时邀请具有社会公信力的机构、公证机构予以证明。

7.3.3　长江口溢油生态环境损害评估的期限

考虑到突发溢油环境事故损害需具体限期工作日内完成评估的期限问题，在设置针对小型环境损害的评估程序时也可以设置为评估机构接受委托后（双方订立委托合同之日起）的一定工作日内完成，情况复杂的可以双方协商后延长一定的工作日。如果是政府启动的评估程序，延长期限需要行政机关的同意，司法程序中的鉴定评估，延长期限还需要司法机关批准。对于特大、重大、较大的环境损害评估期限，需要行政监管部门联合行业协会的专家针对预评估、评估计划、评估和后评估的预测，制定符合实际的评估期限。

7.4　本章小结

从法规政策、技术规范和工作流程等方面提出长江口溢油事故生态环境损害评估制度建议。

（1）建议借鉴美国 OPA 法案并率先在上海建立起类似的试点，从责任主体、评估模式、保障制度等方面完善现有相关法规。

（2）建议在充分借鉴国内外生态损害评估技术规范基础上，建立有河口区域特色的溢油事故生态环境损害评估技术规范。

（3）建议进一步明确长江口溢油事故生态环境损害的工作流程、启动主体和评估时限。

第 8 章　结论与展望

8.1　主要结论

　　本研究开展了溢油事故快速响应模型模拟,分析了溢油事故发生后,河口滩涂湿地沉积物和水体受到的污染影响,以及污染胁迫下滩涂大型底栖生物群落组成响应和典型物种体内污染物变化特征,评估了溢油事故的生态环境损害,提出了建立长江口溢油事故生态环境污染损害评估制度的建议。

　　(1) 应用溢油事故快速响应模型准确地模拟分析了溢油污染物的环境分布及归宿,为事故处理处置及后续研究开展提供了依据。基于长江口海域三维流场,借助 OILMAP 的轨迹和归宿计算模型,基于本地化的油品信息、岸线条件、气象和流场数据,进行了本次突发溢油事故的模拟预测。模拟结果显示,溢油事故发生 12 h 后,约 90%以上的油污吸附到崇西岸线上,挥发掉的不到 10%,极少量溶解到水体中,因此需尽快清理吸附在岸线上的油污,避免二次污染。该模拟结果明确了研究区域和清理范围,为事故处理决策提供了快速准确的依据。

　　(2) 分析了受溢油污染河口滩涂沉积物和水体中特征污染物分布特征,探索了潮汐作用下滩涂沉积物中溢油污染物向水体释放规律。溢油事故应急处置后,高潮滩沉积物中 TPH 和 PAHs 含量均显著高于对照点和相应中低潮滩污染物含量。高潮滩所有点位 TPH 均超出我国《海洋沉积物质量标准》(GB 18668—2002)二级标准限值,PAHs 基本属于重度污染。高潮滩沉积物中 TPH

和 PAHs 含量呈极显著正相关关系（$P<0.01$），TPH 组成均以 $C_{17}\sim C_{36}$ 段含量最高，PAHs 组成均以 2～3 环为主，研究区域滩涂沉积物受此次事故重油污染特征明显。溢油污染滩涂周边水体中 PAHs 含量远低于我国《生活饮用水卫生标准》（GB 5749—2006）规定的 PAHs 总量。应急处置后，滩涂周边水体中 PAHs 含量持续下降，直至二次修复过程中滩涂沉积物受扰动再次释放出污染物，导致水体中的 PAHs 浓度升高。随着时间推移，水体中 PAHs 高环占比逐渐增大。水槽模拟实验表明，在潮汐冲刷作用下，表层沉积物中 TPH 能以一定速率释放到水体中（水温 27.5℃，$c_{sed}=78\,731\mathrm{e}^{-0.083t}$），中底层沉积物中 TPH 较难释放，水温对沉积物中 TPH 释放存在较大影响，温度越低释放速率越慢。

（3）研究了溢油事故对滩涂大型底栖动物种类组成和群落结构的影响，分析了典型物种生物体内溢油污染物的含量分布及动态变化。溢油事故发生后，研究区域底栖动物种数并未显著减少，但种类组成有所变化，该区域事发前以软体动物和甲壳动物为优势类群（清洁类群），溢油事故应急处置后，环节动物（多毛类、寡毛类）等耐污类群成为优势类群，二次修复 1 年后，甲壳动物恢复成为优势类群，而环节动物与软体动物相比仍占一定优势。二次修复 1 年后该区域大型底栖动物的平均栖息密度和生物量分别为 53.44 ind./m² 和 6.66 g/m²，对比应急处置后有所上升，但与该区域历史数据相比仍有较大差距。典型底栖动物无齿螳臂相手蟹体内不同组织器官 TPH 含量差异明显，内脏组织比肌肉组织更容易累积污染物。从时间尺度来看，二次修复 1 年后生物体内 TPH 含量与应急处置 1 年后相比，均呈显著下降趋势（$P<0.05$），其中内脏组织中 TPH 下降幅度更大。两次调查中，无齿螳臂相手蟹肌肉与内脏组织中 TPH 含量均呈极显著正相关关系（$r=0.981$，$P<0.01$；$r=0.923$，$P<0.01$），各点位肌肉和内脏组织中的 TPH 含量与应急处置后对应点位沉积物中 TPH 含量呈明显线性相关关系，表明生物体内 TPH 含量直接受到沉积物 TPH 污染累积的影响。

（4）构建和优化了河口地区溢油事故生态环境损害评估指标体系，量化评估了本次溢油事故造成的生态环境损害价值。溢油事故造成当年生态系统服务损失 2 001.93 万元，其中，产品供给服务损失 28.11 万元、干扰调节服务损失 526.61 万元、生态支持服务损失 1 307.91 万元、文化娱乐服务损失 139.30 万元。

事故发生后的应急处置费用实际投入 842.2 万元、后续二次修复费用实际投入
1 346.16 万元，总计投入 2 188.36 万元。该事件的单位面积总损失高达每公顷
61.62 万元，包括生态系统服务价值每公顷 29.44 万元及恢复工程投入每公顷
32.18 万元。构建了滩涂溢油污染健康风险模型及其模型参数，基于现场调查、
检测数据以及沉积土的理化性质，根据最大化暴露场景（RME）的假设，分析
计算和评价了滩涂沉积物和地下水健康风险。根据健康风险评估结果，非致癌
危害风险超过可接受水平的关注污染物主要包括滩涂沉积土中的总石油烃，精
确推导出溢油滩涂风险控制值为 4 013 mg/kg。根据滩涂现场实际溢油油品污染
物的含量，滩涂采样点中超过 50% 点位中的污染物造成了不可接受的非致癌风
险，需要进一步采取措施，开展治理和修复工作。

（5）从法规政策、技术规范和工作流程等方面提出了长江口溢油事故生态
环境损害评估制度建议。建议借鉴并率先在上海建立起类似于美国 OPA 法案的
试点，从责任主体、评估模式、保障制度等方面完善现有相关法规。建议在充
分借鉴国内外生态损害评估技术规范和导则基础上，结合长江口生态环境特征，
建立有河口区域特色的溢油事故生态环境损害评估技术规范和导则。建议进一
步明确长江口溢油事故生态环境损害的工作流程、启动主体和评估时限。

8.2 创新点与贡献

（1）构建了全过程的溢油事故相关研究框架体系。河口地区的溢油事故相
关研究较少，且多集中于数值模拟和风险预测方面，针对河口滩涂生态系统在
溢油事故污染胁迫下的响应特征等研究有限。本研究利用"12·30"典型河口溢
油事故契机，从事件全过程探讨了其对滩涂湿地环境和生物的影响，为类似溢
油事故的调查、处置、评估与修复提供了技术支撑。

（2）提出了多目标、多污染物的协同分析方法。以往针对溢油事故中总石
油烃和多环芳烃污染的各自独立研究较多，而对两者协同分析涉及较少。本研
究分析得出了长江河口滩涂沉积物中两种特征污染物之间的相关关系，探索和
实证了基于 TPH 碳链和 PAHs 苯环组成特征的石油污染源解析技术方法，实验

结果是对溢油环境污染特征研究的重要补充。

（3）建立了更为精细的毒性参数评估原则。本研究突破了溢油事故人体健康评估中针对总石油烃的传统评估方法，将总石油烃细分为脂肪族和芳香族两类，每类根据碳原子数目再细分为 7 个小段，并建立了 2 个毒性参数的评估原则，精确的计算和评估为后续的修复治理工作提供了扎实和严谨的技术支撑。

（4）拓展了溢油事故污染胁迫影响的研究尺度。溢油污染对滩涂生物的胁迫是一个复杂和缓慢的过程，国内外相关研究相对匮乏。本研究通过 2～3 年的野外实地观测，分析了长江河口湿地大型底栖动物群落结构，以及生物体内 TPH 含量分布的动态变化，是对相关研究在时间序列上的补充和拓展，同时印证了溢油事故环境污染与生物损害之间的因果关系。

8.3 未来展望

长江口是"一带一路"和长江经济带的重要结点，是江海联运直航的黄金水道门户，长江河口地区生境条件特殊，是具有全球意义的生物多样性保护区，拥有崇明东滩鸟类、九段沙湿地国家级自然保护区，以及陈行、青草沙、东风西沙水库集中式饮用水水源地等重要生态敏感区。随着长江航运的快速发展，溢油污染事故发生频率升高，对河口滩涂生态系统和城市生态安全构成较大威胁。本书相关研究内容为类似河口海湾地区的溢油事故污染胁迫、生态风险及损害评估等工作提供了有益借鉴和参考。鉴于溢油污染对生态环境的胁迫和损害过程复杂且漫长，本研究虽然在时间序列上进行了一定拓展，但仍有不足。今后将加强对该研究区域生态系统的跟踪观测，从而在更长时间尺度上获得更完整、更有价值的第一手研究数据，摸清滩涂生态环境对溢油污染胁迫更加全面的响应规律，为河口溢流事故的应急处置、调查评估、治理修复与管理提供科学支撑。

参考文献

[1] 安传光，赵云龙，林凌，等.2008.崇明岛潮间带夏季大型底栖动物多样性[J].生态学报，28（2）：577-586.

[2] 蔡立哲，马丽，高阳，等.2002.海洋底栖动物多样性指数污染程度评价标准的分析[J].厦门大学学报（自然科学版），41（5）：641-646.

[3] 陈吉余，陈沈良.2002.河口海岸环境变异和资源可持续利用.海洋地质与第四纪地质，22（2）：1-7.

[4] 陈家宽.上海九段沙湿地自然保护区科学考察集[M].北京：科学出版社，2003.

[5] 陈宜瑜，吕宪国.2003.湿地功能与湿地科学的研究方向[J].湿地科学，1（1）：7-11.

[6] 程玲，王月霞，马元庆，等.2016.蓬莱19-3溢油后莱州湾浮游植物群落结构[J].渔业科学进展，37（4）：67-73.

[7] 程壮，白翔，王晓东，等.2014.石油类污染水源水的应急处理[J].油气田地面工程，33（7）：25-26.

[8] 邓如莹，崔兆杰，殷永泉，等.2013.石油胁迫对盐渍土壤微生物呼吸作用强度和酶活性的影响[J].江苏农业科学，41（9）：326-329.

[9] 堵盘军.2007.长江口及杭州湾泥沙输运研究[D].华东师范大学

[10] 冯承莲，夏星辉，周追，等.2007.长江武汉段水体中多环芳烃的分布及来源分析[J].环境科学学报，27（11）：1900-1908.

[11] 付杰，赵丹，蒋敏芝，等.2014.崇明西滩芦苇湿地土壤酶活性特征的研究[J].安徽农业科学，（7）：1969-1972.

[12] 高伟，陆健健.2008.长江口潮滩湿地鸟类适栖地营造实验及短期效应[J].生态学报，

28（5）：2080-2089.

[13] 郭超，黄廷林，丁煜. 2011. 水体沉积物中石油类物质释放过程动力学研究[J]. 环境工程，29（5）：56-59.

[14] 郭超，黄廷林，郭念城. 2012. 杏子河沉积物中石油污染物释放实验研究[J]. 工业安全与环保，38（5）：58-60.

[15] 郭琳，席宏波，杨琦，等. 2013. 菲的挥发特性及挥发模型研究[J]. 环境科学与技术，36（s2）：15-21.

[16] 郭伟，何孟常，杨志峰，等. 2007. 大辽河水系表层沉积物中石油烃和多环芳烃的分布及来源.[J] 环境科学学报，27（5）：824-830

[17] 韩彬，蒋凤华，李培昌，等. 2009. 南黄海中部海水、间隙水和沉积物中多环芳烃的分布及源分析[J]. 海洋科学进展，27（2）：233-242.

[18] 韩庚辰，王静芳. 1998. 近岸海洋沾污沉积物中石油烃类化合物释放过程的实验室研究Ⅱ.实验室静态模拟研究[J]. 海洋环境科学，17（3）：40-44.

[19] 侯利勇. 2015. 美国海上能源保险融资研究及对中国的借鉴[D]. 对外经济贸易大学.

[20] 黄逸君，江志兵，曾江宁，等. 2010. 石油烃污染对海洋浮游植物群落的短期毒性效应[J]. 植物生态学报，34（9）：1095-1106.

[21] 纪巍. 2014. 石油类污染物对水体生态环境的危害[J]. 化工中间体，10（11）：6-12.

[22] 贾军梅，罗维，杜婷婷，等. 2015. 近十年太湖生态系统服务功能价值变化评估[J]. 生态学报，35（7）：2255-2264.

[23] 贾新苗，张彤，田胜艳. 2016. 海洋环境中溢油与沉积物间的相互作用研究概述[J]. 海洋信息，（3）：34-42.

[24] 解岳，黄廷林，王志盈，等. 2000. 河流沉积物中石油类污染物吸附与释放规律的实验研究[J]. 环境工程，18（3）：59-61.

[25] 解岳，黄廷林，薛爽. 2005. 水体沉积物中石油类污染物释放的动力学过程实验研究[J]. 西安建筑科技大学学报（自然科学版），37（4）：459-462.

[26] 赖俊翔，姜发军，许铭本，等. 2013. 广西近海海洋生态系统服务功能价值评估[J]. 广西科学院学报，29（4）：252-258.

[27] 黎平，刁晓平，赵春风，等. 2015. 洋浦湾表层海水中多环芳烃的分布特征及来源分析

[J]. 环境科学与技术，38（1）：127-133.

[28] 李传红，谢贻发，刘正文. 2008. 鱼类对浅水湖泊生态系统及其富营养化的影响[J]. 安徽农业科学，36（9）：3679-3681.

[29] 李凤，徐刚，贺行良，等. 2016. 东海近岸表层沉积物中正构烷烃的组成、分布及来源分析[J]. 海洋环境科学，35（3）：398-403.

[30] 李海明，郑西来，刘宪斌. 2005. 渤海滩涂沉积物中石油污染物的迁移—转化规律研究[J]. 海洋环境科学，24（3）：9-12.

[31] 李静会. 2008. 崇西湿地生态系统中胞外酶的功能研究[D]. 华东师范大学.

[32] 李磊，蒋玫，王云龙，等. 2014. 长江口及邻近海域沉积物中石油烃污染特征[J]. 中国环境科学，34（3）：752-757.

[33] 李厦，刘宪斌，田胜艳，等. 2013. 天津大港近岸海域生物体内重金属、石油烃含量及其安全风险评价[J]. 安全与环境学报，13（3）：157-160.

[34] 李天云，黄圣彪，孙凡，等. 2008. 河蚬对太湖梅梁湾沉积物多环芳烃的生物富集[J]. 环境科学学报，28（11）：2354-2360.

[35] 李彤，李适宇，杜建斌. 2012. 广州珠江表层沉积物中石油烃分布特征研究[J]. 环境科学与技术，34（s1）：347-352.

[36] 李雪英，孙省利，赵利容，等. 2011. 流沙湾海水中石油烃的时空分布特征研究[J]. 生态环境学报，20（5）：908-912.

[37] 李志刚，谭乐和. 2009. 海岸带生物多样性保护研究进展[J]. 中国农学通报，25（12）：260-262.

[38] 梁丹涛，沈根祥，胡双庆，等. 2007. δ-六六六在斑马鱼体内的生物富集情况研究[J]. 农业环境科学学报，26（s2）：509-513.

[39] 林珏，章红波. 2001. 浙江沿岸海域海洋动物体内的石油烃水平. 海洋环境科学，20（1）：47-50.

[40] 林钦，贾晓平. 1990. 珠江口海洋动物体的石油烃. 海洋科学，14（5）：34-38.

[41] 林卫青，卢士强，陈义中. 2010. 应用生态动力学模型评价上海淀山湖富营养化控制方案[C]. 中国力学学术大会 2009 论文摘要集，:134.

[42] 刘红梅，陆健健，董双林，等. 2007. 上海崇西湿地生态系统功能价值分析[J]. 中山大

学学报（自然科学版），46（s2）：240-243.

[43] 刘红梅.2007.区域生态建设与经济发展的互动双赢理论及实践[D].中国海洋大学.

[44] 刘宪斌，陈楠，田胜艳，等.2009.天津高沙岭潮间带泥螺对多环芳烃菲的累积特征[J].生态环境学报，18（4）：1241-1246.

[45] 刘晓艳，钟成林，王珍珍，等.2010.吴淞口近岸沉积物中油类污染物分布特征[J].上海大学学报（自然科学版），16（6）：592-596.

[46] 刘岩，张祖麟.1999.厦门西港表层海水中多环芳烃（PAHs）含量分布特征及来源分析[J].海洋通报，18（4）：38-43.

[47] 刘振国，王伟，王天慧.2009.崇西潮滩湿地木本工程物种引种的初步研究[J].林业科技，34（4）：1-5.

[48] 刘志伟.2014.基于InVEST的湿地景观格局变化生态响应分析——以杭州湾南岸地区为例[D].浙江大学.

[49] 卢士强，邵一平，陈义中，等.2012.长江口突发事件应急响应系统介绍及操作手册[Z].上海：上海市环境科学研究院.

[50] 卢士强，矫吉珍，林卫青.2013.区域排污对长江口水源地水质影响的数值模拟[J].人民长江，44（21）：112-116.

[51] 罗孝俊，陈社军，余梅，等.2008.多环芳烃在珠江口表层水体中的分布与分配[J].环境科学，29（9）：2385-2391.

[52] 马侠，白俊跃，徐国华，等.2014.浙江省环境损害鉴定评估制度建设现状及建议[J].环境与生活，15（12）：131-132.

[53] 马兴华，何长英，董有平，等.2006.青南砂金矿山地质环境治理恢复措施及效果观察[J].青海环境，16（1）：15-17.

[54] 南炳旭，王丽平，刘录三，等.2014.天津近岸海域表层沉积物中PAHs污染特征及风险[J].环境科学研究，27（11）：1323-1330.

[55] 欧寿铭，郑建华，郑金树，等.2003.厦门港和员当湖表层沉积物中的石油烃和多环芳香烃[J].海洋环境科学，22（4）：49-53.

[56] 潘建明，扈传昱，刘小涯，等.2002.珠江河口沉积物中石油烃分布及其与河口环境的关系[J].海洋环境科学，21（2）：23-27.

[57]　潘灵芝，林祥彬，常俊芳，等. 2016. 长江口及上海港附近海域船舶溢油事故发生特征及启示[J]. 海洋湖沼通报，（5）：37-43.

[58]　彭陈. 2012. 船舶溢油清污赔偿的线性评估模型研究[D]. 大连海事大学.

[59]　齐霁，张红振. 2012. 墨西哥湾溢油污染事件对我国环境污染损害评估工作的启示. 环境保护[J]，39（5）：39-42.

[60]　冉涛，李双林，张敏，等. 2014. 渤海湾中部表层沉积物中多环芳烃分布及其来源. 海洋地质前沿[J]，30（12）：30-35.

[61]　沙晨燕，王天慧，陆健健. 2009. 林泽湿地抗 SO_2 木本植物的初步研究[J]. 环境科学研究，22（2）：181-186.

[62]　申洪臣，王健行，成宇涛，等. 2011. 海上石油泄漏事故危害及其应急处理[J]. 环境工程，29（6）：110-114.

[63]　沈焕庭，茅志昌，朱建荣. 2003. 长江河口盐水入侵[M]. 北京：海洋出版社.

[64]　沈亮夫，黄文祥，朱琳. 1986. 渤海原油对黄渤海浮游植物群落结构影响的围隔式实验[J]. 海洋学报（中文版），8（6）：729-735.

[65]　宋广军，李爱，吴金浩，等. 2016. 19-3 油田溢油对辽东湾浮游植物群落的影响[J]. 渔业科学进展，37（4）：60-66.

[66]　宋文彬，张翼然，张玲，等. 2014. 洪河国家级自然保护区沼泽生态系统服务价值估算[J]. 湿地科学，12（1）：81-88.

[67]　孙闰霞，林钦，柯常亮，等. 2012. 海洋生物体多环芳烃污染残留及其健康风险评价研究[J]. 南方水产科学，8（3）：71-78.

[68]　孙晓峰，韩昌来，王如琦，等. 上海长江口取水口、排污口和水源地规划研究[J]. 人民长江，2017，48（14）：1-4，8.

[69]　唐峰华，沈盎绿，沈新强. 2009. 溢油污染对虾类的急性毒害效应[J]. 广西农业科学，40（4）：410-414.

[70]　田蕴，郑天凌，王新红. 2004. 厦门西港表层海水中多环芳烃（PAHs）的含量、组成及来源[J]. 环境科学学报，24（1）：50-55.

[71]　王超. 2013. 石油乳化液对海胆基因突变和甲基化的影响[D]. 大连海事大学.

[72]　王晶，焦燕，任一平，等. 2015. Shannon-Wiener 多样性指数两种计算方法的比较研究[J].

水产学报，39（8）：1257-1263.

[73] 王静芳，韩庚辰，韩建波. 1998. 近岸海洋沾污沉积物中石油烃类化合物释放过程的实验室研究 Ⅰ.实验室动态模拟研究[J]. 海洋环境科学，17（2）：29-34.

[74] 王娟，马文俊，陈文业. 2010. 黄河首曲—玛曲高寒湿地生态系统服务功能价值估算[J]. 草业科学，27（1）：25-30.

[75] 王林昌，袁守启，邢可军. 2010. 石油污染对黄河口沉积物工程性质的影响[J]. 中国海洋大学学报（自然科学版），40（1）：63-68.

[76] 王宪，田春雨，郑盛华. 2008. 湄洲湾表层海水石油烃的分布特征分析[J]. 华侨大学学报（自然版），29（2）：241-244.

[77] 王艳秋，王枫，宗志敏，等. 2007. 重油特征分子群的研究进展[J]. 精细石油化工，24（2）：74-78.

[78] 王召会，胡超魁，吴金浩，等. 2016. 辽东湾海域生物体内石油烃污染状况[J]. 环境科学学报，36（1）：324-331.

[79] 王子健，黄圣彪，马梅，等. 2005. 水体中溶解有机物对多氯联苯在淮河水体沉积物上的吸附和生物富集作用的影响[J]. 环境科学学报，25（1）：39-44.

[80] 吴健，谭娟，王敏，等. 2016. 某石油污染滩涂沉积物中总石油烃和多环芳烃组成分布特征及源解析[J]. 安全与环境学报，16（1）：282-287.

[81] 吴健，谭娟，黄沈发，等. 2017. 溢油污染潮间带大型底栖动物体内总石油烃含量及风险动态[J]. 环境科学学报，37（1）：381-387.

[82] 吴玲玲，陆健健，童春富，等. 2003. 长江口湿地生态系统服务功能价值的评估[J]. 长江流域资源与环境，12（5）：411-416.

[83] 吴玲玲，明玺，陈玲，等. 2007. 长江口水域菲含量及对斑马鱼组织结构的影响[J]. 环境科学与技术，30（7）：13-15.

[84] 吴玲玲，周俊杰，李海涛，等. 2012. 珠江口表层沉积物石油类含量、分布及变化趋势[J]. 生态科学，31（5）：543-547.

[85] 吴文婧，谢金开，徐福留，等. 2008. 苯并[*a*]芘在四种食用淡水鱼中的含量和分布[J]. 环境科学学报，28（10）：2072-2077.

[86] Xiao X M，Biradar C，Wang A，et al.2011. Recovery of vegetation canopy after severe fire

in 2000 at the Black Hills National Forest, South Dakota, USA[J]. Journal of Resources and Ecology, 2(2): 106-116.

[87] 熊李虎,吴翔,高伟,等.2007. 芦苇收割对震旦鸦雀觅食活动的影响[J]. 动物学杂志,42(6): 41-47.

[88] 徐焕志,于灏,陆阿定,等.2013. 舟山西部近岸海水中敌草隆和石油烃的分布特征[J]. 浙江海洋学院学报(自然科学版), 32(3): 227-232.

[89] 徐冉,过仲阳,叶属峰,等.2011. 基于遥感技术的长江三角洲海岸带生态系统服务价值评估[J]. 长江流域资源与环境, 20(s1): 87-93.

[90] 闫海明,战金艳,张韬.2012. 生态系统恢复力研究进展综述[J]. 地理科学进展,31(3): 303-314.

[91] 严立,程天行.2008. 多级人工生态系统净化景观水体的研究[J]. 水处理技术, 34(4): 26-30.

[92] 杨晓红,蒲朝文,张仁平,等.2013. 水体微囊藻毒素污染对人群的非致癌健康风险.[J] 中国环境科学, 33(1): 181-185.

[93] 袁萍,吕振波,周革非.2014. 石油烃胁迫下3种微藻的生长动力学研究[J]. 海洋科学,38(10): 46-51.

[94] 岳宏伟,王海燕,汪卫国,等. 2009. 厦门湾沉积物对石油的吸附解吸规律研究[J]. 应用海洋学学报, 28(2): 187-191.

[95] 张春生,刘忠保,施冬,等. 2000. 碎屑物理模拟研究的理论与方法[J]. 石油与天然气地质, 21(4): 300-303.

[96] 张涤明,章克本,侯书苓.1986. 流体力学中的相似单元法[J]. 中国科学(A辑:数学),29(7): 718-725.

[97] 张海燕. 2013. 长江口典型潮滩湿地——西沙湿地的土壤有机碳分布格局及生态工程对其影响研究[D]. 华东师范大学.

[98] 张衡,何文珊,童春富,等.2007. 崇西湿地冬季潮滩鱼类种类组成及多样性分析[J]. 长江流域资源与环境, 16(3): 308-313.

[99] 张红振,曹东,於方,等.2013. 环境损害评估:国际制度及对中国的启示[J]. 环境科学, 34(5): 1653-1666.

[100] 张红振，王金南，牛坤玉，等. 2014. 环境损害评估：构建中国制度框架[J]. 环境科学，35（10）：4015-4030.

[101] 张红振. 2016. 环境损害评估制度、方法与实例[M]. 北京：中国环境出版社.

[102] 张文浩，王江涛，谭丽菊. 2010. 山东半岛南部近海海水及动物石油烃污染状况[J]. 海洋环境科学，29（3）：378-381.

[103] 张雯. 2014. 我国海洋溢油生态损害赔偿的研究[D]. 大连理工大学.

[104] 张晓举，赵升，冯春晖，等. 2014. 渤海湾南部海域生物体内的重金属含量与富集因素[J]. 大连海洋大学学报，29（3）：267-271.

[105] 张新庆，杨佰娟，黎先春，等. 2009. 南黄海中部海水中多环芳烃的分布特征[J]. 岩矿测试，28（4）：325-328.

[106] 张玉凤，吴金浩，李楠，等. 2016. 渤海北部表层沉积物中多环芳烃分布与来源分析[J]. 海洋环境科学，35（1）：88-94.

[107] 张志强. 2005. 胶州湾石油烃和其他环境因子的时空分布及其相关性研究[D]. 中国海洋大学.

[108] 赵鸣，郑伟，石洪华，等. 2009. 从海岸带管理的角度看海洋生物多样性保护[J]. 海洋开发与管理，26（7）：101-103.

[109] 赵谱. 2006. 我国船舶溢油污染损害评估法律问题研究[D]. 大连海事大学.

[110] 赵汝溥. 1991. 流体流动的动力相似探讨[J]. 化学世界，32（7）：323-326.

[111] 赵素芬. 2015. 环境污染损害鉴定评估法律问题研究[D]. 石家庄经济学院.

[112] 中华人民共和国环境保护部. 2016. 生态环境损害鉴定评估技术指南（总纲）[S].

[113] 周京勇. 2014. 崇西湿地不同植物群落对甲烷厌氧氧化作用和功能菌群的影响[D]. 上海大学.

[114] 周利，唐丹玲，孙景. 2013. 海洋溢油后浮游植物藻华观测分析和机制探讨[J]. 生态科学，32（6）：692-702.

[115] 周生贤. 2009. 领导干部环境保护知识读本[M]. 北京：中国环境科学出版社.

[116] 周政权，李晓静，陈琳琳，等. 2016. 蓬莱19-3平台溢油事故对渤海大型底栖生物群落结构的长期影响[J]. 广西科学院学报，32（2）：92-100.

[117] 朱慧峰，阮仁良，陈国光，等. 三峡水库运行调度对长江口水源地安全的影响分析[J].

中国给水排水，2011，27（8）：34-36.

[118] 宗乾进，袁勤俭，沈洪洲. 2012. 基于 VOSviewer 的 2010 年中国图书馆学研究热点分析[J]. 图书馆，（4）：88-90.

[119] Abdullah M A，Rahmah A U，Man Z. 2010. Physicochemical and sorption characteristics of Malaysian Ceiba pentandra（L.）Gaertn. as a natural oil sorbent[J]. Journal of Hazardous Materials，177（1）：683-691.

[120] Acosta-González A，Rosselló-Móra R，Marqués S. 2013. Characterization of the anaerobic microbial community in oil-polluted subtidal sediments：aromatic biodegradation potential after the Prestige oil spill[J]. Environmental Microbiology，15（1）：77-92.

[121] Adebajo M O，Frost R L，Kloprogge J T，et al. 2003. Porous materials for oil spill cleanup：a review of synthesis and absorbing properties[J]. Journal of Porous materials，10（3）：159-170.

[122] Adebajo M O，Frost R L. 2004. Acetylation of raw cotton for oil spill cleanup application：an FTIR and 13 C MAS NMR spectroscopic investigation[J]. Spectrochimica Acta Part A：Molecular and Biomolecular Spectroscopy，60（10）：2315-2321.

[123] Agler B A，Seiser P E，Kendall S J，et al. 1994. Marine bird and sea otter population abundance of Prince William Sound，Alaska：trends following the T/V Exron Vuldez oil spill，1989-2000，Enon Vuldez Oil Spill Restoration Project Final Report（Restoration Project 93045）[J]. US Fish and Wildlife Service，Anchorage，Alaska，4.

[124] Ahmadkalaei S P J，Gan S，Ng H K，et al. 2016. Investigation of ethyl lactate as a green solvent for desorption of total petroleum hydrocarbons（TPH）from contaminated soil[J]. Environmental Science and Pollution Research，23（21）：22008-22018.

[125] Al-Ghadban A N，Jacoba P G，Abdalia F. 1994. Total organic carbon in the sediments of the Arabian Gulf and need for biological productivity investigations[J]. Marine Pollution Bulletin，28（6）：356-362.

[126] Al-Ghadban A N，Massoud M S，Abdali F. 1996. Bottom sediments of the Arabian Gulf：I. Sedimentological characteristics[J]. Kuwait Journal of Science and Engineering，23（1）：69-87.

[127] Al-Lihaibi S S，Al-Omran L. 1996. Petroleum hydrocarbons in offshore sediments from the gulf[J]. Marine Pollution Bulletin，32（1）：65-69.

[128] Al-Lihaibi S S，Ghazi S J. 1997. Hydrocarbon distributions in sediments of the open area of the Arabian Gulf following the 1991 Gulf War oil spill[J]. Marine Pollution Bulletin，34（11）：941-948.

[129] Al-Rabeh A H. 1994. Estimating surface oil spill transport due to wind in the Arabian Gulf[J]. Ocean Engineering，21（5）：461-465.

[130] Altwegg R，Crawford R J M，Underhill L G，et al. 2008. Long-term survival of de-oiled Cape gannets Morus capensis，after the Castillo de Bellver，oil spill of 1983[J]. Biological Conservation，141（7）：1924-1929.

[131] Al-Yakoob S，Saeed T，Al-Hashash H. 1993. Polycyclic aromatic hydrocarbons in edible tissue of fish from the Gulf after the 1991 oil spill[J]. Marine Pollution Bulletin，27（1）：297-301.

[132] Annunciado T R，Sydenstricker T H D，Amico S C. 2005. Experimental investigation of various vegetable fibers as sorbent materials for oil spills[J]. Marine pollution bulletin，50（11）：1340-1346.

[133] Ansari Z A，Ingole B S. 2002. Effect of an oil spill from MV Sea Transporter on intertidal meiofauna at Goa，India[J]. Marine Pollution Bulletin，44（5）：396-402.

[134] Applied Science Associates（ASA），Inc. Technical Manual for Oilmap for Windows，RI，USA，2012.

[135] Atlas R M，Bartha R. 2015. Environmental Microbioloy: Fundamentals and applications[J]. Springer

[136] Baelum J，Borglin S，Chakraborty R，et al. 2012. Deep-sea bacteria enriched by oil and dispersant from the Deepwater Horizon spill[J]. Environmental Microbiology，14（9）：2405-2416.

[137] Bandara U C，Yapa P D，Xie H. 2011. Fate and transport of oil in sediment laden marine waters[J]. Journal of Hydro-environment Research，5（3）：145-156.

[138] Bargiela R，Gertler C，Magagnini M，et al. 2015. Degradation network reconstruction in

uric acid and ammonium amendments in oil-degrading marine microcosms guided by metagenomic data[J]. Frontiers in Microbiology，6：01270.

[139] Barron M G，Lilavois C R，Martin T M. 2015. MOAtox：a comprehensive mode of action and acute aquatic toxicity database for predictive model development[J]. Aquatic Toxicology，161：102-107.

[140] Bartell S M, Gardner R H, O'Neill R V. 1992. Ecological risk estimation[J]. Lewis Publishers, 36(3):324-325.

[141] Bear J, Verruijt A. 1987. Modeling Groundwater Flow and Pollution: With Computer Programs for Sample Cases. D. Reidel Publishing Company.

[142] Binelli A，Provini A. 2004. Risk for human health of some POPs due to fish from Lake Iseo[J]. Ecotoxicology and Environmental Safety，58（1）：139-145.

[143] Bobra M. 1991. Water-in-oil emulsification: A Physicochemical Study[C]. International Oil Spill Conference Proceedings: March 1991, 1991：483-488.

[144] Bodkin J L，Ballachey B E，Coletti H A，et al. 2012. Long-term effects of the"Exxon Valdez" oil spill：sea otter foraging in the intertidal as a pathway of exposure to lingering oil[J]. Marine Ecology Progress Series，447：273-287.

[145] Bodkin J L，Ballachey B E，Dean T A，et al. 2002. Sea otter population status and the process of recovery from the 1989 "Exxon Valdez" oil spill[J]. Marine Ecology Progress Series，241：237-253.

[146] Boehm P D，Cook L L，Murray K J. 2011. Aromatic hydrocarbon concentrations in seawater：Deepwater Horizon oil spill[C]//International Oil Spill Conference Proceedings（IOSC），2011（1）：abs371.

[147] Boehm P D，Fiest D L，Mackay D，et al. 1982. Physical-chemical weathering of petroleum hydrocarbons from the IXTOC I blowout：chemical measurements and a weathering model[J]. Environmental Science Technology，16（8）：498-505.

[148] Boehm P D，Murray K J，Cook L L. 2016. Distribution and attenuation of polycyclic aromatic hydrocarbons in gulf of Mexico Seawater from the deepwater Horizon oil accident[J]. Environmental Science & Technology，50（2）:584-592.

[149] Booij K，Hoedemaker J R，Bakker J F. 2003. Dissolved PCBs，PAHs，and HCB in pore waters and overlying waters of contaminated harbor sediments[J]. Environmental Science & Technology，37（18）：4213-4220.

[150] Boucher G. 1980. Impact of Amoco Cadiz oil spill on intertidal and sublittoral meiofauna[J]. Marine Pollution Bulletin，11（4）：95-101.

[151] Brannon E L，Collins K，Cronin M A，et al. 2012. Review of the Exxon Valdez oil spill effects on pink salmon in Prince William Sound，Alaska[J]. Reviews in Fisheries Science，20（1）：20-60.

[152] Bulycheva E V，Krek A V，Kostianoy A G，et al. 2016. Oil pollution in the southeastern Baltic Sea by satellite remote sensing data in 2004-2015[J]. Transport and Telecommunication Journal，17（2）：155-163.

[153] Bu-Olayan A H, Al-Sarawi M，Subrahmanyam M N V, et al. 1998. Effects of the Gulf War oil spill in relation to trace metals in water，particulate matter，and PAHs from the Kuwait coast[J]. Environment International，24（7）：789-797.

[154] Bu-Olayan A H，Subrahmanyam M N V. 1997. Accumulation of copper，nickel，lead and zinc by snail，Lunella coronatus and pearl oyster，Pinctada radiata from the Kuwait coast before and after the gulf war oil spill[J]. Science of the Total Environment，197（1-3）：161-165.

[155] Burns K A，Garrity S D，Levings S C. 1993. How many years until mangrove ecosystems recover from catastrophic oil spills[J]. Marine Pollution Bulletin，26（5）：239-248.

[156] Cappello S，Caruso G，Zampino D，et al. 2007. Microbial community dynamics during assays of harbour oil spill bioremediation：a microscale simulation study[J]. Journal of Applied Microbiology，102（1）：184-194.

[157] Cappello S, Denaro R, Genovese M, et al. 2007. Predominant growth of Alcanivorax during experiments on "oil spill bioremediation" in mesocosms[J]. Microbiological Research，162（2）：185-190.

[158] Carmody O, Frost R, Xi Y, et al. 2007. Surface characterisation of selected sorbent materials for common hydrocarbon fuels[J]. Surface Science, 601（9）: 2066-2076.

[159] Carson R T，Mitchell R C，Hanemann M，et al. 2003. Contingent valuation and lost passive use：damages from the Exxon Valdez oil spill[J]. Environmental and Resource Economics，25（3）：257-286.

[160] Ceylan D，Dogu S，Karacik B，et al. 2009. Evaluation of butyl rubber as sorbent material for the removal of oil and polycyclic aromatic hydrocarbons from seawater[J]. Environmental Science & Technology，43（10）：3846-3852.

[161] Chassé C. 1978. The ecological impact on and near shores by the Amoco Cadiz，oil spill[J]. Marine Pollution Bulletin，9（11）：298-301.

[162] Choi H M，Cloud R M. 1992. Natural sorbents in oil spill cleanup[J]. Environmental Science & Technology，26（4）：772-776.

[163] Choi Y，Cho Y M，Luthy R G. 2013. Polyethylene-water partitioning coefficients for parent-and alkylated-polycyclic aromatic hydrocarbons and polychlorinated biphenyls[J]. Environmental Science & Technology，47（13）：6943-6950.

[164] Chong C W，Tan G Y A，Wong R C S，et al. 2009. DGGE fingerprinting of bacteria in soils from eight ecologically different sites around Casey Station[J]. Antarctica. Polar Biology，32（6）：853-860.

[165] Cohen A，Nugegoda D，Gagnon M M. 2001. Metabolic responses of fish following exposure to two different oil spill remediation techniques[J]. Ecotoxicology and Environmental Safety，48（3）：306-310.

[166] Commendatore M G，Esteves J L. 2004. Natural and anthropogenic hydrocarbons in sediments from the Chubut River（Patagonia，Argentina）[J]. Marine Pollution Bulletin，48（9-10）：910-918.

[167] Conan G，Dunnet G M，Crisp D J. 1982. The long-term effects of the Amoco Cadiz Oil spill [and discussion][J]. Philosophical Transactions of the Royal Society B Biological Sciences，297（1087）：323-333.

[168] Costanza R, d'Arge R, De Groot R, et al. 1997. The value of the world's ecosystem services and natural capital[J]. Nature, 387(15): 253-260.

[169] Crego-Prieto V，Arrojo-Fernández J，Prado A，et al. 2014. Cytological and Population

Genetic Changes in Northwestern Iberian Mussels after the Prestige，Oil Spill[J]. Estuaries and Coasts，37（4）: 995-1003.

[170] Crego-Prieto V，Danancher D，Campo D，et al. 2013. Interspecific introgression and changes in population structure in a flatfish species complex after the Prestige accident[J]. Marine Pollution Bulletin，74（1）: 42-49.

[171] Daling P S，Brandvik P J. 1988. A study of the formation and stability of water-in-oil emulsions//Proceedings of the 11th Arctic and Marine Oil Spill Program（AMOP）Technical Seminar[J]. Environment Canada, 1988: 153-170.

[172] Daling P S，Faksness L G，Hansen A B，et al. 2002. Improved and standardized methodology for oil spill fingerprinting[C]. Environmental Forensics，3（3-4）: 263-278.

[173] Dauvin J C，Thiébaut E，Wang Z. 1998. Short-term changes in the mesozooplanktonic community in the Seine ROFI（region of freshwater influence）（eastern English channel）[J]. Journal of Plankton Research，20（6）: 1145-1167.

[174] Dauvin J C.1998. The fine sand Abra alba, community of the bay of morlaix twenty years after the Amoco Cadiz oil spill[J]. Marine Pollution Bulletin, 36(9):669-676.

[175] Delvigne G A L，Sweeney C E. 1988. Natural dispersion of oil[J]. Oil and Chemical Pollution，4（4）: 281-310.

[176] Delvigne G A L. 2002. Physical appearance of oil in oil-contaminated sediment[J]. Spill Science & Technology Bulletin，8（1）: 55-63.

[177] Duan H Y，Wang Y C，Zhao W J，et al. 2010. A study on the estimation method of wetland purification capacity to surface runoff//international conference on bioinformatics and biomedical engineering[C]. IEEE，2010: 1-3.

[178] Dubansky B，Whitehead A，Miller J，et al. 2013. Multi-tissue molecular，genomic，and developmental effects of the Deepwater Horizon oil spill on resident Gulf killifish（Fundulus grandis）[J]. Environmental Science & Technology，47（10）: 5074-5082.

[179] Dunford R W，Ginn T C，Desvousges W H. 2004. The use of habitat equivalency analysis in natural resource damage assessments[J]. Ecological Economics，48（1）: 49-70.

[180] El Samra M I，Ibrahim M A，Ahmed I F，et al. 1986. Acute Toxicity of Some Oil

Dispersants To Mullet Fry（Liza Macrolepis）of The Arabian Gulf[D]. Qatar University.

[181] Elliott A J，Hurford N，Penn C J. 1986. Shear diffusion and the spreading of oil slicks[J]. Marine Pollution Bulletin，17（7）：308-313.

[182] Esler D，Ballachey B E，Trust K A，et al. 2011. Cytochrome P4501A biomarker indication of the timeline of chronic exposure of Barrow's goldeneyes to residual Exxon Valdez oil[J]. Marine Pollution Bulletin，62（3）：609-614.

[183] Etkin D S. 1998. Financial costs of oil spills in the United States[J]. Cutter Information Corporation.

[184] Etkin D S. 1999. Historical Overview of Oil Spills from All Sources (1960—1998), [C]//International Oil Spill Conference: March 1999, 1999(1):1097-1102.

[185] Etkin D S. 2004. Modeling oil spill response and damage costs[C]//Proceedings of the Fifth Biennial Freshwater Spills Symposium，15：15.

[186] Evans F F，Rosado A S，Sebastián G V，et al. 2004. Impact of oil contamination and biostimulation on the diversity of indigenous bacterial communities in soil microcosms[J]. FEMS Microbiology Ecology，49（2）：295-305.

[187] Fayad N M，El-Mubarak A H，Edora R L. 1996. Fate of oil hydrocarbons in fish and shrimp after major oil spills in the Arabian Gulf[J]. Bulletin of Environmental Contamination and Toxicology，56（3）：475-482.

[188] Fayad N M. 1986. Identification of tar balls following the nowruz oil spill[J]. Marine Environmental Research，18（3）：155-163.

[189] Flather R A，Proctor R，Wolf J. 1991. Oceanographic forecast models[J]. Computer modelling in the environmental sciences，1991：15-30.

[190] Galt J A，Lehr W J，Payton D L. 1991. Fate and transport of the Exxon Valdez oil spill. Part 4[J]. Environmental science & technology，25（2）：202-209.

[191] Garrott R A，Eberhardt L L，Burn D M. 1993. Mortality of sea otters in Prince William Sound following the Exxon Valdez oil spill[J]. Marine Mammal Science，9（4）：343-359.

[192] Gesteira J L G，Dauvin J C. 2000. Amphipods are Good Bioindicators of the Impact of Oil Spills on Soft-Bottom Macrobenthic Communities[J]. Marine Pollution Bulletin，40（11）：

1017-1027.

[193] Golet G H，Seiser P E，McGuire A D，et al. 2002. Long-term direct and indirect effects of the "Exxon Valdez" oil spill on pigeon guillemots in Prince William Sound，Alaska[J]. Marine Ecology Progress Series，241：287-304.

[194] González J J，Viñas L，Franco M A，et al. 2006. Spatial and temporal distribution of dissolved/dispersed aromatic hydrocarbons in seawater in the area affected by the Prestige oil spill[J]. Marine Pollution Bulletin，53（5）：250-259.

[195] Goodbodygringley G，Wetzel D L，Gillon D，et al. 2013. Toxicity of deepwater horizon source oil and the chemical dispersant，Corexit$^{®}$ 9500，to Coral Larvae[J]. Plos One，8（1）：e45574.

[196] Gordon D C，Prouse N J. 1973. The effects of three oils on marine phytoplankton photosynthesis[J]. Marine Biology，22（4）：329-333.

[197] Gray J S，Clarke K R，Warwick R M，et al. 1990. Detection of initial effects of pollution on marine benthos：an example from the Ekofisk and Eldfisk oilfields，North Sea[J]. Marine Ecology Progress Series，66（3）：285-299.

[198] Gundlach E R，Boehm P D，Marchand M，et al. 1983. The fate of amoco cadiz oil[J]. Science，221（4606）：122-129.

[199] Gundlach E R，Boehm P D. 1981. Determine fates of several oil spills in coastal and offshore waters and calculate a mass balance denoting major pathways for dispersion of the spilled oil. Final report[J]. Asean Economic Bulletin，1981：69-75.

[200] Guo F，Zhao J，Lusi A，et al. 2016. Life cycle assessment of microalgae-based aviation fuel：influence of lipid content with specific productivity and nitrogen nutrient effects[J]. Bioresource Technology，221：350-357.

[201] Guo J，He Y，Long X，et al. 2015. Repair wind field of oil spill regional using SAR data[J]. Aquatic Procedia，3：103-111.

[202] Gupta R S，Fondekar S P，Alagarsamy R. 1993. State of oil pollution in the northern Arabian Sea after the 1991 Gulf oil spill[J]. Marine Pollution Bulletin，27（93）：85-91.

[203] Hall R J，Belisle A A，Sileo L. 1983. Residues of petroleum hydrocarbons in tissues of sea

turtles exposed to the Ixtoc I oil spill[J]. Journal of Wildlife Diseases，19（2）：106-109.

[204] Harayama S，Kasai Y，Hara A. 2004. Microbial communities in oil-contaminated seawater[J]. Current opinion in biotechnology，15（3）：205-214.

[205] Harvey R, Hannan S A, Badia L, et al. 2007. Nasal saline irrigations for the symptoms of chronic rhinosinusitis// The Cochrane Library. John Wiley & Sons, Ltd, CD006394.

[206] Haven H L T，Leeuw J W D，Rullkö J，et al. 1987. Restricted utility of the pristane/phytane ratio as a palaeoenvironmental indicator[J]. Nature，330（6149）：641-643.

[207] Horn S A, Neal C P. 1981. The Atlantic Empress sinking—a large spill without environmental disaster[C]//Proceedings of the International Oil Spill Conference, (1)：429-435.

[208] Hou X，Hodges B R，Feng D，et al. 2017. Uncertainty quantification and reliability assessment in operational oil spill forecast modeling system[J]. Marine Pollution Bulletin，116（1-2）：420-433.

[209] Hughes W B，Holba A G，Dzou L I P. 1995. The ratios of dibenzothiophene to phenanthrene and pristane to phytane as indicators of depositional environment and lithology of petroleum source rocks[J]. Geochimica et Cosmochimica Acta，59（17）：3581-3598.

[210] Husseien M，Amer A A，El-Maghraby A，et al. 2009. Availability of barley straw application on oil spill clean up[J]. International Journal of Environmental Science & Technology，6（1）：123-130.

[211] Incardona J P，Gardner L D，Linbo T L，et al. 2014. Deepwater Horizon crude oil impacts the developing hearts of large predatory pelagic fish[J]. Proceedings of the National Academy of Sciences，111（15）：E1510-E1518.

[212] Irons D B，Kendall S J，Erickson W P，et al. 2000. Nine years after the Exxon Valdez oil spill：effects on marine bird populations in Prince William Sound，Alaska[J]. The Condor，102（4）：723-737.

[213] Jones D A，Plaza J，Watt I, et al. 1998. Long-term（1991-1995）monitoring of the intertidal biota of Saudi Arabia after the 1991 Gulf War oil spill[J]. Marine Pollution Bulletin，36（6）：472-489.

[214] Jung J H，Kim M，Yim U H，et al. 2011. Biomarker responses in pelagic and benthic fish over 1 year following the Hebei Spirit oil spill（Taean，Korea）[J]. Marine Pollution Bulletin，62（8）：1859-1866.

[215] Jung Y H，Park H S，Yoon K T，et al. 2017. Long-term changes in rocky intertidal macrobenthos during the five years after the Hebei Spirit，oil spill，Taean，Korea[J]. Ocean Science Journal，52：1-10.

[216] Jung Y H，Yoon K T，Shim W J，et al. 2015. Short-Term variation of the macrobenthic fauna structure on rocky shores after the Hebei Spirit oil spill，west coast of Korea[J]. Journal of Coastal Research，31（1）：177-183.

[217] Ke L，Wong T W Y，Wong Y S，et al. 2002. Fate of polycyclic aromatic hydrocarbon（PAH）contamination in a mangrove swamp in Hong Kong following an oil spill[J]. Marine pollution bulletin，45（1-12）：339-347.

[218] Keramitsoglou I, Cartalis C, Kiranoudis C T. 2006. Automatic identification of oil spills on satellite images[J]. Environmental modelling & software, 21（5）: 640-652.

[219] Keylock C J. 2005. Simpson diversity and the Shannon-Wiener index as special cases of a generalized entropy[J]. Oikos，109（1）：203-207.

[220] Kim M，Hong S H，Won J，et al. 2013. Petroleum hydrocarbon contaminations in the intertidal seawater after the Hebei Spirit oil spill-Effect of tidal cycle on the TPH concentrations and the chromatographic characterization of seawater extracts[J]. Water Research，47（2）：758-768.

[221] Kimes N E，Callaghan A V，Aktas D F，et al. 2012. Metagenomic analysis and metabolite profiling of deep-sea sediments from the Gulf of Mexico following the Deepwater Horizon oil spill[J]. Frontiers in Microbiology，4：50.

[222] Kingston P F，Dixon I M T，Hamilton S，et al. 1995. The impact of the Braer oil spill on the macrobenthic infauna of the sediments off the Shetland Islands[J]. Marine Pollution Bulletin，30（7）：445-459.

[223] Kirman Z D，Sericano J L，Wade T L，et al. 2016. Composition and depth distribution of hydrocarbons in Barataria Bay marsh sediments after the Deepwater Horizon oil spill[J].

Environmental Pollution，214：101-113.

[224] Kleindienst S，Paul J H，Joye S B. 2015. Using dispersants after oil spills：impacts on the composition and activity of microbial communities[J]. Nature Reviews Microbiology，13 （6）：388-396.

[225] Kontovas C A，Psaraftis H N，Ventikos N P. 2010. An empirical analysis of IOPCF oil spill cost data[J]. Marine Pollution Bulletin，60（9）：1455-1466.

[226] Law R J，Dawes V J，Woodhead R J，et al. 1997. Polycyclic aromatic hydrocarbons（PAH） in seawater around England and Wales[J]. Marine Pollution Bulletin，34（5）：306-322.

[227] Law R J，Kelly C A，Nicholson M D. 1999. Polycyclic aromatic hydrocarbons（PAH）in shellfish affected by the Sea Empress oil spill in Wales in 1996[J]. Polycyclic Aromatic Compounds，17（1-4）：229-239.

[228] Lee L H，Lin H J. 2013. Effects of an oil spill on benthic community production and respiration on subtropical intertidal sandflats[J]. Marine Pollution Bulletin，73（1）：291-299.

[229] Li Y，Zhao Y，Peng S，et al. 2010. Temporal and spatial trends of total petroleum hydrocarbons in the seawater of Bohai Bay，China from 1996 to 2005[J]. Marine Pollution Bulletin，60（2）：238-243.

[230] Lin Q，Mendelssohn I A. 2012. Impacts and recovery of the Deepwater Horizon oil spill on vegetation structure and function of coastal salt marshes in the northern Gulf of Mexico[J]. Environmental Science & Technology，46（7）：3737-3743.

[231] Lupidi A，Staglianò D，Martorella M，et al. 2017. Fast detection of oil spills and ships using SAR images[J]. Remote Sensing，9（3）：230.

[232] Mackay D，Buist I，Mascarenhas R，et al. 1980. Oil spill processes and models. Environment Canada Manuscript Report No. EE-8，Ottawa，Ontario.

[233] MacNaughton S J，Stephen J R，Venosa A D，et al. 1999. Microbial population changes during bioremediation of an experimental oil spill[J]. Applied and Environmental Microbiology，65（8）：3566-3574.

[234] Mahanty B，Kim C G. 2016. Effect of soil acidification on n-hexane extractable PAH fractions[J]. European Journal of Soil Science，67（1）：60-69.

[235] Mai B X，Fu J M，Sheng G Y，et al. 2002. Chlorinated and polycyclic aromatic hydrocarbons in riverine and estuarine sediments from Pearl River Delta，China[J]. Environmental Pollution（Barking，Essex：1987），117（3）：457-474.

[236] Maki A W. 1991. The Exxon Valdez oil spill：Initial environmental impact assessment[J]. Environmental Science and Technology；（USA），25（1）：313-350.

[237] Maliszewska A. 1996. Wybrane zagadnienia diagenezy skał klastycznych[J]. Przegląd Geologiczny，44（6）：586-995.

[238] Margesin R，Hämmerle M，Tscherko D. 2007. Microbial activity and community composition during bioremediation of diesel-oil-contaminated soil：effects of hydrocarbon concentration，fertilizers，and incubation time[J]. Microbial Ecology，53（2）：259-269.

[239] Marigómez I，Zorita I，Izagirre U，et al. 2013. Combined use of native and caged mussels to assess biological effects of pollution through the integrative biomarker approach[J]. Aquatic Toxicology，136-137（2）：32-48.

[240] Mason O U，Hazen T C，Borglin S，et al. 2012. Metagenome，metatranscriptome and single-cell sequencing reveal microbial response to Deepwater Horizon oil spill[J]. The ISME journal，6（9）：1715-1727.

[241] McCay D F，Rowe J J，Whittier N，et al. 2004. Estimation of potential impacts and natural resource damages of oil[J]. Journal of Hazardous Materials，107（1-2）：11-25.

[242] McCay D F，Rowe J J. 2004. Evaluation of bird impacts in historical oil spill cases using the SIMAP oil spill model[C]//Proceedings of the 27th Arctic and Marine Oilspill Program Technical Seminar, Emergencies Science Division, Environment：421-452.

[243] McCay D F，Rowe J J，Tostevin B，et al. 2006. M/V Selendang Ayu Spill of December 2004：Modeling of Physical Fates.

[244] McCay D F，Nordhausen W，Payne J R. 2008. Modeling impacts and tradeoffs of dispersant use on oil spills[C]//Oil Spill Response：A Global Perspective. Springer Netherlands：297-320.

[245] Moilanen A，Van Teeffelen A J A，Ben‐Haim Y，et al. 2009. How much compensation is enough？ A framework for incorporating uncertainty and time discounting when

calculating offset ratios for impacted habitat[J]. Restoration Ecology，17（4）：470-478.

[246] Moody R M，Cebrian J，Heck Jr K L. 2013. Interannual recruitment dynamics for resident and transient marsh species：evidence for a lack of impact by the Macondo oil spill[J]. PLoS One，8（3）：e58376.

[247] Moss J A，McCurry C，Schwing P，et al. 2016. Molecular characterization of benthic foraminifera communities from the Northeastern Gulf of Mexico shelf and slope following the Deepwater Horizon event[J]. Deep Sea Research Part I：Oceanographic Research Papers，115：1-9.

[248] Nelson J R，Grubesic T H. 2017. A repeated sampling method for oil spill impact uncertainty and interpolation[J]. International Journal of Disaster Risk Reduction，22：420-430.

[249] Osuji L C，Adesiyan S O. 2005. The Isiokpo oil‐pipeline leakage：total organic carbon/organic matter contents of affected soils[J]. Chemistry & Biodiversity，2（8）：1079-1085.

[250] O'Sullivan A J，Richardson A J. 1967，The Torrey Canyon disaster and intertidal marine life[J]. Nature，214（5087）：448-542.

[251] Oteyza T G D，Grimalt J O. 2006. GC and GC-MS characterization of crude oil transformation in sediments and microbial mat samples after the 1991 oil spill in the Saudi Arabian Gulf coast[J]. Environmental Pollution，139（3）：523-531.

[252] Özhan K，Miles S M，Gao H，et al. 2014. Relative Phytoplankton growth responses to physically and chemically dispersed South Louisiana sweet crude oil[J]. Environmental Monitoring and Assessment，186（6）：3941-3956.

[253] Palinkas L A，Petterson J S，Russell J，et al. 1993. Community patterns of psychiatric disorders after the Exxon Valdez oil spill[J]. The American Journal of Psychiatry，150（10）：1517-1523.

[254] Pan B，Xing B S，Liu W X，et al. 2006. Distribution of sorbed phenanthrene and pyrene in different humic fractions of soils and importance of humin[J]. Environmental Pollution，143（1）：24-33.

[255] Parsons M L，Morrison W，Rabalais N N，et al. 2015. Phytoplankton and the Macondo oil spill：A comparison of the 2010 phytoplankton assemblage to baseline conditions on the Louisiana shelf[J]. Environmental Pollution，207：152-160.

[256] Patton J S，Rigler M W. 1981. Ixtoc 1 oil spill：flaking of surface mousse in the Gulf of Mexico[J]. Nature，290：235-238.

[257] Paul J H，Hollander D，Coble P，et al. 2013. Toxicity and mutagenicity of Gulf of Mexico waters during and after the deepwater horizon oil spill[J]. Environmental Science & Technology，48（6）：9651-9659.

[258] Payne J R, Phillips C R. 1985. Petroleum spills in the marine environment: The chemistry and formation of water-in-oil emulsions and tar balls[M]. Lewis Publisher.

[259] Peterson C H，Rice S D，Short J W，et al. 2003. Long-term ecosystem response to the Exxon Valdez oil spill[J]. Science，302（5653）：2082-2086.

[260] Peterson C H. 2001. The "Exxon Valdez" oil spill in Alaska：acute，indirect and chronic effects on the ecosystem[J]. Advances in Marine Biology，39：1-103.

[261] Piatt J F，Lensink C J，Butler W，et al. 1990. Immediate Impact of the "Exxon Valdez" Oil Spill on Marine Birds[J]. Auk，107（2）：387-397.

[262] Pies C，Hoffmann B，Petrowsky J，et al. 2008. Characterization and source identification of polycyclic aromatic hydrocarbons（PAHs）in river bank soils[J]. Chemosphere，72（10）：1594-1601.

[263] Pinedo J，Ibanez R，Irabien A. 2014. A comparison of models for assessing human risks of petroleum hydrocarbons in polluted soils[J]. Environmental Modelling & Software，55：61-69.

[264] Pinedo J，Lbanea R，Lijzen J P A，et al. 2013. Assessment of soil pollution based on total petroleum hydrocarbons and individual oil substances[J]. Journal of Environmental Management，130：72-79.

[265] Piraino M N，Szedlmayer S T. 2014. Fine-Scale movements and home ranges of red snapper around Artificial Reefs in the northern gulf of Mexico[J]. Transactions of the American Fisheries Society，143（4）：988-998.

[266] Poggiale J C，Dauvin J C. 2001. Long-term dynamics of three benthic Ampelisca

（Crustacea-Amphipoda）populations from the Bay of Morlaix（western English Channel）related to their disappearance after the "Amoco Cadiz" oil spill[J]. Marine Ecology Progress，214：201-209.

[267] Price J M，Reed M，Howard M K，et al. 2006. Preliminary assessment of an oil-spill trajectory model using satellite-tracked，oil-spill-simulation drifters[J]. Environmental Modelling & Software，21（2）：258-270.

[268] Próo S A G D，Chávez E A，Alatriste F M，et al. 1986. The impact of the Ixtoc-1 oil spill on zooplankton[J]. Journal of Plankton Research，8（3）：557-581.

[269] Ramachandran S D，Hodson P V，Khan C W，et al. 2004. Oil dispersant increases PAH uptake by fish exposed to crude oil[J]. Ecotoxicology & Environmental Safety，59（3）：300-308.

[270] Reddy C M，Arey J S，Seewald J S，et al. 2012. Composition and fate of gas and oil released to the water column during the Deepwater Horizon oil spill[J]. Proceedings of the National Academy of Sciences，109（50）：20229-20234.

[271] Reddy C M，Eglinton T I，Hounshell A，et al. 2002. The West Falmouth oil spill after thirty years：The persistence of petroleum hydrocarbons in marsh sediments[J]. Environmental Science & Technology，36（22）：4754-4760.

[272] Reddy C M，Quinn J G. 1999. GC-MS analysis of total petroleum hydrocarbons and polycyclic aromatic hydrocarbons in seawater samples after the North Cape oil spill[J]. Marine Pollution Bulletin，38（2）：126-135.

[273] Redmond M C，Valentine D L. 2012. Natural gas and temperature structured a microbial community response to the Deepwater Horizon oil spill[J]. Proceedings of the National Academy of Sciences of the United States of America，109（50）：20292-20297.

[274] Reed M，Turner C，Odulo A. 1994. The role of wind and emulsification in modelling oil spill and surface drifter trajectories[J]. Spill Science & Technology Bulletin，1（2）：143-157.

[275] Roy J L，McGill W B. 1998. Characterization of disaggregated nonwettable surface soils found at old crude oil spill sites[J]. Canadian Journal of Soil Science，78（2）：331-344.

[276] Sammarco P W，Kolian S R，Warby R A F，et al. 2013. Distribution and concentrations of petroleum hydrocarbons associated with the BP/Deepwater Horizon Oil Spill，Gulf of

Mexico[J]. Marine Pollution Bulletin，73（1）：129-143.

[277] Shamshiri A，Kehavarz A，Mansouri Y. 2013. Ocean wind direction estimation from SAR images using contoulet analysis[C]//Geoscience and Remote Sensing Symposium （IGARSS），2013 IEEE International. IEEE：1610-1613.

[278] Silva M，Martins D，Charrua A，et al. 2016. Endovanilloid control of pain modulation by the rostroventromedial medulla in an animal model of diabetic neuropathy[J]. Neuropharmacology，107：49-57.

[279] Skalski J R，Lady J，Townsend R，et al. 2001. Estimating in-river survival of migrating salmonid smolts using radiot[J]. Canadian Journal of Fisheries & Aquatic Sciences，58（10）：1987-1997.

[280] Snyder S M，Howard M O. 2015. Patterns of inhalant use among incarcerated youth[J]. Plos One，10（9）：e0135303.

[281] Spaulding M L, Odulo A, Kolluru V S. 1992. A hybrid model to predict the entrainment and subsurface transport of oil.

[282] Stiver W，Mackay D. 1984. Evaporation rate of spills of hydrocarbons and petroleum mixtures[J]. Environmental Science & Technology，18（11）：834-840.

[283] Suratman S，Tahir N M，Latif M T. 2012. A preliminary study of total petrogenic hydrocarbon distribution in Setiu Wetland，Southern South China Sea（Malaysia）[J]. Bulletin of Environmental Contamination and Toxicology，88（5）：755-758.

[284] Swartz R C. 1999. Consensus sediment quality guidelines for polycyclic aromatic hydrocarbon mixtures[J]. Environmental Toxicology and Chemistry，18（4）：780-787.

[285] Thomas S，Thannippara A. 2011. Distribution of the lambda-criterion for sphericity test and its connection to a Generalized dirichlet model[J]. Communications in Statistics-Simulation and Computation，37（7）：1385-1395.

[286] Tobiszewski M，Namieśnik J. 2012. PAH diagnostic ratios for the identification of pollution emission sources[J]. Environmental Pollution，162：110-119.

[287] Torreroche R J D L，Lee W Y，Camposdíaz S I. 2009. Soil-borne polycyclic aromatic hydrocarbons in El Paso，Texas: analysis of a potential problem in the United States/Mexico

border region[J]. Journal of Hazardous Materials，163（2-3）：946-958.

[288] Tremblay L，Kohl S D，Rice J A，et al. 2005. Effects of temperature，salinity，and dissolved humic substances on the sorption of polycyclic aromatic hydrocarbons to estuarine particles[J]. Marine Chemistry，96（1-2）：21-34.

[289] Trust K A，Rummel K T，Scheuhammer A M，et al. 2000. Contaminant exposure and biomarker responses in spectacled eiders（Somateria fischeri）from St. Lawrence Island，Alaska[J]. Archives of Environmental Contamination and Toxicology，38（1）：107-113.

[290] Uno S，Koyama J，Kokushi E，et al. 2010. Monitoring of PAHs and alkylated PAHs in aquatic organisms after 1month from the Solar I，oil spill off the coast of Guimaras Island，Philippines[J]. Environmental Monitoring & Assessment，165（1-4）：501-515.

[291] US EPA. EPA 823-B-00-008. 2000. Guidance for assessing chemical contaminant，data for use in fish advisories，Vol 2：risk assessment and fish consumption limits[M]. Washington，D C：Office of Water.

[292] US EPA. Integrated risk information system（IRIS）. http：//www. epa. gov/ins/[2014-04-05].

[293] Van Eck N J，Waltman L. 2010. Software survey：VOSviewer，a computer program for bibliometric mapping[J]. Scientometrics，84（2）：523-538.

[294] Venturini N，Tommasi L R. 2004. Polycyclic aromatic hydrocarbons and changes in the trophic structure of polychaete assemblages in sediments of Todos os Santos Bay，Northeastern，Brazil[J]. Marine Pollution Bulletin，48（1-2）：97-107.

[295] Viedma O，Meliá J，Segarra D，et al. 1997. Modeling rates of ecosystem recovery after fires by using landsat TM data[J]. Remote Sensing of Environment，61（3）：383-398.

[296] Wang J，Mcphedran K N，Seth R，et al. 2007. Evaluation of the STP model：comparison of modelled and experimental results for ten polycyclic aromatic hydrocarbons（PAHs）[J]. Chemosphere，69（11）：1802-1806.

[297] Wang Z，Fingas M，Blenkinsopp S，et al. 1998. Study of the 25-year-old Nipisi oil spill：persistence of oil residues and comparisons between surface and subsurface sediments[J]. Environmental Science & Technology，32（15）：2222-2232.

[298] Wang Z，Fingas M，Sergy G. 1995. Chemical characterization of crude oil residue from an

Arctic beach by GC/MS and GC/FID[J]. Environmental Science and Technology，29（10）：2622-2631.

[299] Watanabe K. 2001. Microorganisms relevant to bioremediation[J]. Current Opinion in Biotechnology，12（3）：237-241.

[300] Welch J，Yando F. 1993. Worldwide oil spill incident data base：recent trends. International Oil Spill Conference Proceedings: March 1993，1993（1）：811-814.

[301] Wheeler R B. 1978. The fate of petroleum in the marine environment. Exxon Production Research Co.

[302] White H K，Hsing P Y，Cho W，et al. 2012. Impact of the Deepwater Horizon oil spill on a deep-water coral community in the Gulf of Mexico[J]. Proceedings of the National Academy of Sciences，109（50）：20303-20308.

[303] White H K，Xu L，Eglinton T I，et al. 2005. Abundance，composition，and vertical transport of PAHs in marsh sediments[J]. Environmental Science & Technology，39（21）：8273-8280.

[304] Wu W T，Zhou Y X，Tian B. 2017. Coastal wetlands facing climate change and anthropogenic activities：a remote sensing analysis and modelling application[J]. Ocean & Coastal Management，138：1-10.

[305] Yamamoto T，Nakaoka M，Komatsu T，et al. 2003. Impacts by heavy-oil spill from the Russian tanker Nakhodka on intertidal ecosystems：recovery of animal community[J]. Marine Pollution Bulletin，47（1-6）：91-98.

[306] Yamashita N，Kannan K，Imagawa T，et al. 2000，Vertical profile of polychlorinated dibenzo-p-dioxins，dibenzofurans，naphthalenes，biphenyls，polycyclic aromatic hydrocarbons，and alkylphenols in a sediment core from Tokyo Bay，Japan[J]. Environmental Science & Technology，34（17）：3560-3567.

[307] Yang C，Kaipa U，Mather Q Z，et al. 2011. Fluorous metal-organic frameworks with superior adsorption and hydrophobic properties toward oil spill cleanup and hydrocarbon storage[J]. Journal of the American Chemical Society，133（45）：18094-18097.

[308] Yang Y，Hua C，Dong CM. 2009. Synthesis，Self-Assembly，and In Vitro Doxorubicin Release Behavior of Dendron-like/Linear/Dendron-like Poly（ε-caprolactone）-b-Poly（ethylene glycol）

-b-Poly（ε-caprolactone）Triblock Copolymers[J]. Biomacromolecules，10（8）：2310-2318.

[309] Yu H，Huang G，An C，et al. 2011. Combined effects of DOM extracted from site soil/compost and biosurfactant on the sorption and desorption of PAHs in a soil-water system[J]. Journal of Hazardous Materials，190（1-3）：883-890.

[310] Yu O H，Lee H G，Shim W J，et al. 2013. Initial impacts of the Hebei Spirit oil spill on the sandy beach macrobenthic community west coast of Korea[J]. Marine Pollution Bulletin，70（1-2）：189-196.

[311] Yunker M B，Macdonald R W，Vingarzan R，et al. 2002. PAHs in the Fraser River basin：a critical appraisal of PAH ratios as indicators of PAH source and composition[J]. Organic Geochemistry，33（4）：489-515.

[312] Yunker M B, Snowdon L R, Macdonald R W, et al.1996. Polycyclic Aromatic Hydrocarbon Composition and Potential Sources for Sediment Samples from the Beaufort and Barents Seas[J]. Environmental Science & Technology, 30(4):1310-1320.

[313] Zadaka-Amir D，Bleiman N，Mishael Y G. 2013. Sepiolite as an effective natural porous adsorbent for surface oil-spill[J]. Microporous and Mesoporous Materials，169：153-159.

[314] Zafonte M，Hampton S. 2007. Exploring welfare implications of resource equivalency analysis in natural resource damage assessments[J]. Ecological Economics，61（1）：134-145.

[315] Zengel S，Montague C L，Pennings S C，et al. 2016. Impacts of the Deepwater Horizon oil spill on salt marsh periwinkles（Littoraria irrorata）[J]. Environmental Science & Technology，50（2）：643-652.

[316] Zhang J，ZengJ H，He M C. 2009. Effects of temperature and surfactants on naphthalene and phenanthrene sorption by soil[J]. Journal of Environmental Sciences，21（5）：667-674.

[317] Zhou L，Tang D，Wang S，et al. 2014. Satellite Observations：Oil Spills Impact on Phytoplankton in Bohai Sea[C]. Dragon 3Mid Term Results,724.

[318] ZoBell C E. 1969. Microbial modification of crude oil in the sea[C]. International Oil Spill Conference Proceedings: Dec 1969，1969（1）：317-326.